U0889778

我的人生哲学

梁漱溟　著

当代中国出版社
Contemporary China Publishing House

图书在版编目(CIP)数据

我的人生哲学 / 梁漱溟著 . -- 3 版 . -- 北京 : 当代中国出版社 , 2024.6
（梁漱溟作品系列）
ISBN 978-7-5154-1388-4

Ⅰ . ①我… Ⅱ . ①梁… Ⅲ . ①人生哲学 Ⅳ . ① B821

中国国家版本馆 CIP 数据核字（2024）第 105100 号

出版人　王　茵
责任编辑　陈　莎　刘晓冰
责任校对　贾云华　康　莹
印刷监制　刘艳平
封面设计　鲁　娟
出版发行　当代中国出版社
地　　址　北京市地安门西大街旌勇里 8 号
网　　址　http://www.ddzg.net
邮政编码　100009
编 辑 部　（010）66572180
市 场 部　（010）66572281　66572157
印　　刷　中国电影出版社印刷厂
开　　本　710 毫米 × 1000 毫米　1/16
印　　张　12.75 印张　1 插页　149 千字
版　　次　2024 年 6 月第 3 版
印　　次　2024 年 6 月第 1 次印刷
定　　价　58.00 元

版权所有，翻版必究；如有印装质量问题，请拨打（010）66572159 联系出版部调换。

出版说明

梁漱溟（1893—1988）是现代中国著名思想家和社会活动家。他一生发表了大量有影响的作品。他坚持独立思考，特立独行，表里如一。人们在服膺他的思想的同时，尤为钦佩他的人格。

梁先生的著作多关涉人生和社会问题，读者从中不仅可以了解他的人生观、价值观，同时可以品味出他的崇高品格是如何造就的。然而一般大众往往无力遍读其著作，对他研究的问题和学问也不能一一涉猎。为了帮助一般读者能够简要而准确地了解梁先生的人生哲学，在对人生至理的追寻中，感悟人生真谛，我们编选了《我的人生哲学》一书。

关于“人生哲学”，可以从两个意义上理解：一种是在严格的学术意义上，指人生哲学体系，如通行的人生哲学教科书和专著，要对人生哲学的许多概念、范畴、原则、理论等，作出系统的阐释；另一种是在人生观或对人生问题的看法意义上使用，是宽泛言之，可以不那么系统。本书就是在第二种意义上使用“人生哲学”这个概念的。

根据上述理解，本书的编选范围是梁漱溟先生人生哲学专著之外谈人生感悟的小文章，大致分为对人的认识、对人生意义的认识、对人生具体问题的看法、对人生角色和时段的看法四个部分。所选文章原则上保留原题，除改正明显错别字、用字规范依现行规定统一外，对作者的表述风格、文字均不作任何修改，以保证原汁原味。

本书编选过程中，得到梁漱溟先生的哲嗣梁培宽、梁培恕二位先生的大力支持，并得到他们的出版授权。在此表示衷心感谢。

当代中国出版社编辑部

目录

人生的意义*

人生的意义就在他会用心思去创造；要是人类不用心思，便辜负了人生；不创造，便枉生了一世，所以我们要时时提醒自己，要用心思要创造。

一

人们常常爱问：人生有不有目的？有不有意义？不知同学们对于这一类的问题想过没有？如果想过，其答案为何？要是大家曾用过一番心思，我来讲这问题就比较容易了，你们就可以比较容易地了解我的话。

我以为人生不好说目的，因为目的是后来才有的事。我们先要晓得什么叫做目的。比如，我们这次来兴安，是想看灵渠，如果我们到了兴

---

* 这是作者1942年12月在广西兴安初中的一次讲话，1942年12月发表于《中学生》（桂林）。见《梁漱溟全集》第6卷，山东人民出版社1993年版。

安，而没有看到灵渠，那便可以说没有达到目的。要是目的意思，是如此的话，人生便无目的。乘车来兴安是手段，看灵渠是目的，如此目的手段分别开来，是人生行事所恒有。但一事虽可如此说，整个人生则不能如此说。

整个宇宙是逐渐发展起来的。天、地、山、水，各种生物，形形色色慢慢展开，最后才有人类，有我。人之有生，正如万物一样是自然而生的。天雨、水流、莺飞、草长，都顺其自然，并无目的。我未曾知道，而已经有了我。此时再追问“人生果为何来？”或“我为何来？”已是晚了。倘经过一番思考，决定一个目的，亦算不得了。

以上是讲人生不好说有目的，是第一段。

二

人生虽不好说有目的，但未尝不可说人生有其意义。人生的意义在哪里？人生的意义在创造！

人生的意义在创造，是于人在万物中比较出来的。

宇宙是一大生命，从古到今不断创造，花样翻新造成千奇百样的大世界。这是从生物进化史到人类文化史一直演变下来没有停夠。但到现在代表宇宙大生命表现其创造精神的却只有人类，其余动植物界已经成了刻板的文章，不能前进。例如稻谷，一年一熟或两熟，生出来，熟落去，年年如是，代代如是。又如鸟雀，老鸟生小鸟，小鸟的生活还和老鸟一般无二，不像是创造的文章，而像是刻板文章了。亦正和推磨的牛马一天到晚行走不息，但转来转去，终归是原来的地方，没有前进。

到今天还能代表宇宙大生命，不断创造，花样翻新的是人类；人类的创造表现在其生活上、文化上不断的进步。文化是人工的、人造的，不是自然的、本来的。

总之，是人运用他的心思来改造自然供其应用。而人群之间关系组织亦随有迁进。前一代传于后一代，后一代却每有新发明，不必照旧。前后积累，遂有今天政治经济文物制度之盛。今后还有我们不及见不及知的新文化新生活。

以此我们说人生意义在创造，宇宙大生命创造无已的趋势在动植物方面业已不见，现在全靠人类文化来表现了，是第二段。

三

人类为何能创造，其他的生物为何不能创造？那就是因为人类会用心思，而其他一切生物大都不会用心思。人生的意义就在他会用心思去创造；要是人类不用心思，便辜负了人生；不创造，便枉生了一世，所以我们要时时提醒自己，要用心思要创造。

什么是创造，什么是非创造，其间并无严整的界限。科学家一个新发明固然是创造，文学家一篇新作品固然是创造，其实一个小学生用心学习手工或造句作文，亦莫非创造。极而言之，人的一举一动一颦一笑亦莫不可有创造在内。不过创造有大有小，其价值有高有低。有的人富于创造性，有的则否。譬如灵渠是用了一番大的心思的结果，但小而言之，其间一念之动、一手之劳亦都是创造。是不是创造，要看是否用了心思；用了心思，便是创造。

四

创造有两方面，一是表现于外面的，如灵渠便是一种很显著的创造。它如写字作画，政治事功，种种也是同样的创造。这方面的创造，

我们可借用古人的话来名之为“成物”。还有一种是外面不大容易看得出来的，在一个人生命上的创造。比如一个人的明白通达或一个人［的］德性，其创造不表现在外面事物，而在本身生命。这一面的创造，我们也可以用古人的话来名之为“成己”。换言之，有的人是在外成就的多，有的人在内成就的多。在内的成就如通达、灵巧、正大、光明、勇敢等说之不尽。但细讲起来，成物者，同时亦成己。如一本学术著作是成物，学问家的自身的智力学问即是成己；政治家的功业是成物，政治家的自身本领人格又是成己了。反之成己者同时亦成物。如一德性涵养好的人是成己，而其待人接物行事亦莫非成物。又一开明通在的人是成己，而其一句话说出来，无不明白透亮，正是成物了。

五

以下我们将结束这个讲演，顺带指出我们今日应努力创造的方向。

首先要知道，我们生在一个什么时代。我们是生在一个特殊的时代，一个大变动的时代。就整个人类来说，是处在一个人类历史空前大转变的时代，也可以说是文化需要大改造的时代。而就中国一国来说，几千年的老文化，传到近百年来，因为西洋文化入侵叫我们几千年的老文化不得不改造。我们不能像其他时代的人那样，可以不用心思。因为我们这个时代，亟待改造；因为要改造，所以非用心思不可。也可以说非用心思去创造不可。我们要用心思替民族并替人类开辟出一个前途，创造一个新的文化。这一伟大的创造，是联合全国人共同来创造，不是各个人的小创造、小表现，乃至要联合全世界人共同来创造新世界。不是各自求一国的富强而止的那回旧事。

我们生在今日谁都推脱不了这责任。你们年轻的同学，责任更多。

你们眼前的求学重在成己，末后却要重在成物。眼前不忙着有表现，却必要立志为民族为世界解决大问题，开辟新文化。这样方是合于宇宙大生命的创造精神，而实践了人生的意义。

三种人生态度

——逐求、厌离、郑重*

三种人生态度，每种态度皆有浅深。浅的厌离不能与深的逐求相比。逐求是世俗的路，郑重是道德的路，而厌离则为宗教的路。

“人生态度”是指人日常生活的倾向而言，向深里讲，即入了哲学范围；向粗浅里说，也不难明白。依中国分法，将人生态度分为“出世”与“入世”两种，但我嫌其笼统，不如三分法较为详尽适中。我们仔细分析：人生态度之深浅、曲折、偏正……各式各种都有；而各时

* 作者于1932年至1935年在山东乡村建设研究院与学生作朝会时，针对学生日常生活的问题，当下予以指点，其讲话涉及治学、修养、人生、社会、文化各方面，后以《朝话》为题辑录出版。本文即为其中一篇。见《梁漱溟全集》第2卷，山东人民出版社1990年版。

代、各民族、各社会，亦皆有其各种不同之精神；故欲求不笼统，而究难免于笼统。我们现在所用之三分法，亦不过是比较适中的办法而已。

按三分法，第一种人生态度，可用“逐求”二字以表示之。此意即谓人于现实生活中逐求不已：如，饮食、宴安、名誉、声、色、货、利等，一面受趣味引诱，一面受问题刺激，颠倒迷离于苦乐中，与其他生物亦无所异；此第一种人生态度（逐求），能够彻底做到家，发挥至最高点者，即为近代之西洋人。他们纯为向外用力，两眼直向前看，逐求于物质享受，其征服自然之威力实甚伟大，最值得令人拍掌称赞。他们并且能将此第一种人生态度理智化，使之成为一套理论——哲学。其可为代表者，是美国杜威之实验主义，他很能细密地寻求出学理的基础来。

第二种人生态度为“厌离”的人生态度。第一种人生态度为人对于物的问题。第三种人生态度为人对于人的问题，此则为人对于自己本身的问题。人与其他动物不同，其他动物全走本能道路，而人则走理智道路，其理智作用特别发达。其最特殊之点，即在回转头来反看自己，此为一切生物之所不及于人者。当人转回头来冷静地观察其生活时，即感觉得人生太苦，一方面，自己为饮食男女及一切欲望所纠缠，不能不有许多痛苦；另一方面，社会上又充满了无限的偏私、嫉忌、仇怨、计较，以及生离死别种种现象，更足使人感觉人生太无意思。如是，乃产生一种厌离人世的人生态度。此态度为人人所同有。世俗之愚夫愚妇皆有此想，因愚夫愚妇亦能回头想，回头想时，便欲厌离。但此种人生态度虽为人人所同有，而所分别者即在程度上深浅之差，只看彻底不彻底、到家不到家而已。此种厌离的人生态度，为许多宗教之所由生。最能发挥到家者，厥为印度人；印度人最奇怪，其整个生活，完全为宗教生活。他们最彻底、最完全，其中最通透者为佛家。

第三种人生态度，可以用“郑重”二字以表示之。郑重态度，又可分为两层来说：其一，为不反观自己时——向外用力；其二，为回头看自家时——向内用力。在未曾回头看而自然有的郑重态度，即儿童之天真烂漫的生活。儿童对其生活，有天然之郑重，与天然之不忽略，故谓之天真；真者真切。天者天然，即顺从其生命之自然流行也。于此处我特别提出儿童来说者，因我在此所用之“郑重”一词似太严重。其实并不严重。我之所谓“郑重”，实即自觉地听其生命之自然流行，求其自然合理耳。“郑重”即是将全副精神照顾当下，如儿童之能将其生活放在当下，无前无后，一心一意，绝不知道回头反看，一味听从于生命之自然的发挥，几与向前逐求差不多少，但确有分别。此系言浅一层。

更深而言之，从反回头来看生活而郑重生活，这才是真正的发挥郑重。这条路发挥得最到家的，即为中国之儒家。此种人生态度亦甚简单，主要意义即是教人“自觉的尽力量去生活”。此话虽平常，但一切儒家之道理尽包含在内；如后来儒家之“寡欲”“节欲”“窒欲”等说，都是要人清楚地自觉地尽力于当下的生活。儒家最反对仰赖于外力之催逼，与外边趣味之引诱往前度生活。引诱向前生活，为被动的、逐求的，而非为自觉自主的；儒家之所以排斥欲望，即以欲望为逐求的、非自觉的，不是尽力量去生活。此话可以包含一切道理：如“正心诚意”“慎独”“仁义”“忠恕”等，都是以自己自觉的力量去生活。再如普通所谓“仁至义尽”“心情俱到”等，亦皆此意。

此三种人生态度，每种态度皆有浅深。浅的厌离不能与深的逐求相比。逐求是世俗的路，郑重是道德的路，而厌离则为宗教的路。将此三者排列而为比较，当以逐求态度为较浅；以郑重与厌离二种态度相较，则郑重较难；从逐求态度进步转变到郑重态度自然也可能，但我觉得很不容易。普通都是由逐求态度折到厌离态度，从厌离态度再转入郑重态度，宋明之理学家大多如此，所谓出入儒释，都是经过厌离生活，然后重又归来尽力于当下之生活。即以我言，亦恰如此。在我十几岁时，极接近于实利主义，后转入于佛家，最后方归于儒家。厌离之情殊为深刻，由是转过来才能尽力于生活；否则便会落于逐求，落于假的尽力。故非心里极干净，无纤毫贪求之念，不能尽力生活。而真的尽力生活，又每在经过厌离之后。

合理的人生态度*

大约一个人都蕴蓄着一团力量在内里，要藉着一种活动发挥出来，而后这个人一生才是舒发的，快乐的，也就是合理的。我以为凡人都应当就自己的聪明才力找个相当的地方去活动。

我很惭愧我讲这个题目，如果我的生活能够合理，我就不是这个样子。我现在患失眠的症候，昨天夜里最厉害，精神十分不好，这实在因为虽然晓得所谓“合理的生活”而不能实有诸己。这种样子确为自己生活未能调顺自然合乎天理的征见，所以我讲这个题目，真是惭愧！

我虽如此，但我见得社会上一般人真是摸不着合理的路子去走，陷在那不合理的生活中，真是痛苦！真是可怜悯！不能不说几句话。我们

* 这是作者1922年春在北京高等师范的讲演。见《梁漱溟全集》第4卷，山东人民出版社1991年版。

且分粗细两层去说说。先说粗的，那便请看现在社会上的情形（尤其是北京上海这些的地方），大家都是争着抢钱，像疯狂的一样。新近看《东方杂志》译罗素《中国国民性的几特点》，说中国人不好一面的特点顶头一件就是贪婪。这话是今日不能否认的。但何以会这样呢？这就为他们没有摸着合理的路子；这就是他们人生态度的错谬。他们把生活的美满全放在物质的享受上，如饮食男女起居器用一切感觉上的娱乐。总而言之，他以为乐在外边，而总要向外有所取得，两眼东觅西求，如贼如鼠。因此他们抢钱好去买乐。其实这样子是得不着快乐的，他们把他们的乐已经丧失，再也得不着真实甜美的乐趣；他们真是痛苦极了！可怜极了！在我想，这种情形似是西洋风气进来之后才有的。在几十年以前中国人还是守着他们自来耻言利的态度，这是看过当时社会情形的人所能详道的。中国国民性原来的特点恐怕是比别的民族好讲清高，不见得是比别的民族贪婪。现在社会上贪风的炽盛，是西洋人着重物质生活的幸福和倡言利的新观念启发出来的。贪婪在个人是他的错谬和苦痛，在社会则是种种腐败种种罪恶的病原菌。例如那最大的政治紊乱问题，就是出于此。如果今日贪婪的风气不改，中华民族的前途就无复希望，此可断言者。而这种人生态度如果没有根本掉换过，这贪风是不会改的。我们看见这些论及人生观的文章，如陈仲甫先生作的《人生真义》，李守常先生作的《今》，胡适之先生作的《不朽》，所谓“新青年”一派的人生观都不能让我们满意。陈先生说：“执行意志，满足欲望（自食色以至道德的名誉），是个人生存的根本理由；个人生存的时候当努力造成幸福，享受幸福，并且留在社会上让后来的个人也能享受，递相授受以至无穷。”这些话完全见出那种向外要有所取得的态度，虽然不应把他与贪婪风气混为一谈，但实在都是那一条路子。李先生、胡先生，也通是这般路子；一言以蔽之，总是向外找的，不晓得在自己身上认出人生的价值。他们只为兼重“个人”和“社会”、“负责”和“享福”，是其免于危险的一点。如胡先生说小我对以前的大我负责，对以后未来的大我负责，李先生说不当厌“今”，不当乐“今”，应当利用“今”，一类话是也。其实在这条路上无论你把话说的怎样好，也不能让人免于流入贪婪，或转移贪婪的风气；至于要解决烦闷，奠定人生，那更说不到了。照我说：人生没有什么意义可指，如其寻问，就是在人生生活上而有其意义；人生没有什么价值可评，如其寻问，那么不论何人当下都已圆足无缺无欠（不待什么事业、功德、学问、名誉，或什么好的成就，而后才有价值）。人生没有什么责任可负，如其寻问，那么只有当下自己所责之于自己的。尤其要切着大家错误点而说的，就是人生快乐就在生活本身上。就在活动上，而不在有所享受于外。粗着指给大家一条大路，就是改换那求生活美满于外边享受的路子，而回头认取自身活动上的乐趣，各自找个地方去活动。人类的天性是爱活动的，就在活动上而有乐趣。譬如小孩子总是要跳动唱闹的，你如果叫他安静坐在那里不许动，几乎几分钟都坐不住。大人也是如此，乐的时候必想动，动的时候必然乐。因为活动就使他生机畅发，那就是他的快乐，并不要向外找快乐。大约一个人都蕴蓄着一团力量在内里，要藉着一种活动发挥出来，而后这个人一生才是舒发的，快乐的，也就是合理的。我以为凡人都应当就自己的聪明才力找个相当的地方去活动。喜欢一种科学，就弄那种科学；喜欢一种艺术，就弄那种艺术；喜欢回家种地，就去种地；喜欢经营一桩事业，就去经营。总而言之，找个地方把自家的力气用在里头，让他发挥尽致。这样便是人生的美满，这样就有了人生的价值，这样就有了人生的乐趣。乐趣完全是在自己浑沦活动之中。即如吃糖一事，不要误会乐趣在糖上，应晓得是在吃上，换一句话，就是不在所享受上，而在能活动上。我们不应当那么可怜丧失自己，去向外找东西，一切所有都在这里，都在自己身上，不待外求。我们眼看这一般人死命的东寻西找，真是可怜！虽然他们的宝贝就藏在家里，他却不自知，走遍天涯那是永远不能找到的。他们再也不得回家！因为他们已经走入了歧路！陈先生胡先生李先生都还在这歧路上，又怎能指引这些人回家？怎能救转社会的颓风？所以必须根本掉换方向来，如我所说的才得。

同时在这社会上有一般人恰好与此相反。他们看见旁人那样的贪婪，那样的陷溺在肉欲，如此污浊纷乱的世界，就引起厌恶物质生活的反动，就要去学佛修道，喜欢清静修行做工夫，如北京的同善社等团体，都是应运而生的，他们的势力遍及于外省各县，其散碎无所属的高高低低各种求道者更不能计数。去年我在南京上海见这样的事真是很多很多，学生中也有如此的，这都是因为找不出一个合理的人生态度，也就是不知道要怎样生活才好。常有是一个贪婪的官僚同时就是一个念佛讲道的修行者，尤其可以见出他得不着一条路的可怜样子。这两条路同样是违离了人类本性的，人类的本性不是贪婪，也不是禁欲，不是驰逐于外，也不是清静自守，人类的本性是很自然很条顺很活泼如活水似的流了前去。所以他们一定要把好动的做到静止，一定要遏抑诸般本能的生活，一定要弄许多矫揉造作的工夫，都是不对的，都不是合理的人生态度。然如果照陈胡李诸先生的话去教导他们实在是不中用，完全和他们心里事情不相干。他们并不能因此有什么启发，得到什么受用；此容后说。

我们粗着一点观察，现在社会上的人是如此情形，我还要对于我们青年有一种较细的指导。据我所见，我们一般青年真是可怜悯，像是大家都被“私的丝”缠缚了一身，都不能剥掉这种缠缚，超出私。

合理的人生生活 *

凡是特殊的生活，其性质总带不合理的意味，如想求道求仙或成伟人等。这与知识关系较少，与情志方面关系较为深切，所以由特殊人生生活的倾向到合理的人生生活之转变，很非旁人所能为力。

这个问题似乎是人人都当留意的，无须解释。但是在什么时候的人最要求解决这个问题呢？这在青年时代，尤其较优秀的，愈觉这种寻求的急切。我在中学时即如此，有几个朋友也如此。后来到北大，那边有几个同学也如此。都是感觉烦闷，因而发生种种奇异的思想，甚至自杀。恐怕这边诸位中或者也许有这样的。所以把这个问题略说一下。

* 这是作者在山西第一师范学校的讲演，节选自《在晋讲演笔记（十篇）》之二。见《梁漱溟全集》第4卷，山东人民出版社1991年版。

大约要说这个问题，与生理心理方面很有关系。一个人身体发育将要完全的时候，不知不觉有种种不宁贴的情境。过了这一阵即将渐渐复归平静；或是问题稍得解决，亦可渐归平静。大约天资较高的，此等现象较甚。据我个人的经验，在这时候，很想求得自己所要求的人生生活，很想打量打量，不愿模模糊糊的过下去。此中多少含有一点与众不同的意思，很容易看着庸众生活的讨厌。此时出世思想甚易萌动，有许多朋友都如此。要遁迹空门。这种念头大约在自杀念头以前。总之他愿意与别人不同一点，不一定拘什么方式，如想成英雄伟人也即是。这在男青年格外的多。想出世多少是不合理的，除非最亲切的师友，不容易劝转这种念头。凡是特殊的生活，其性质总带不合理的意味，如想求道求仙或成伟人等。这与知识关系较少，与情志方面关系较为深切，所以由特殊人生生活的倾向到合理的人生生活之转变，很非旁人所能为力。虽然也有永远持其特殊人生生活态度，但大多数都能由激越转入平实，这实在是好现象。由激越转入的平实，方为真正的平实，否则恐怕是凡庸。

凡是想做特殊生活的，根本都是一个浅。他太重视大人物，很为大人物所引诱。不但这个，无论什么财货、圣贤、仙、佛、功业、学问，只要看上一样东西，便都是一个浅。我们希望人人都有圆满的生活，如果你要做特殊生活，便是希望有加于人。这根本是侮辱自己的人类，凡是人类都应是一般的，我们只应求一个“人的圆满”，同时希望人人都得一个“人的圆满”。如果圣人的意义是超加于常人的，那圣人也就是不必要的。我们心目中的圣人，只是一个“人的圆满”。又平常人喜欢讲道德，在吾人意思，就是合理的生活，如果以为道德是超于常人的，我们就也同样的排斥。总而言之，激越是我们所欢迎，但希望他能归于平实。

我们说别的生活不合理，那么，合理的生活有没有其积极的主张呢？有的。方才说，没有一物可以看得上，这就是没有安排计较，这就是合理的人生生活。我们只应顺着我们的本性去走。这须待解释，就是要问，吾人在生活中是怎么回事？何以使我们如此而不如彼？这个支配我们行动的心理作用，是直觉而非理智。我们平常所倾向的，多是合于我们脾胃的意味；所以能领受这个意味的，就是直觉作用，不是理智作用。如果看得上一种东西而安排计较着去走，就会渐渐违离我们原来生活的路子。说浅显一点，就是，粗莽而任天真的人，生活比较是合理的。若处处抑制情感，事事安排计较，反倒错误愈多。我们所谓道德，决非先有客观的道理存放在那里，然后我们遵循着去走。这种客观的道理，是没有的。我以为只要任听直觉的冲动，想做什么就做什么，都是对的。各时代各地方都有道德伦理等的名词，但我们求其根本基础，差不多全在直觉，就是平常喜欢说的良心。譬如某人作了一件好的事情，我们看见或者听人称道，便立刻有欣羡赞叹之感，甚或感极堕泪，这是什么缘故呢？这就因为我们自己根本上喜欢这样，不是谁人能教给我们的，这是一种本能。理智是待教的，直觉不待教——道德不待教。要求合理的生活，只有完全听凭直觉。又如听见恶人作恶而愤怒，粗莽的就恨不手刃其人，其感情较常人格外激烈，因为他比较少受社会上种种复杂习俗的熏染，所以他的天生的反感格外容易引起。只有完全听凭自己真实的真诚的不自欺的直觉，才有合理的生活。最对的莫过于自己直觉的认识。但如何使直觉为真诚的，很应注重。

一个人，只要能完全听凭他真诚的直觉，他虽然不希望成一个大人物，但是他里面有真实的气力，自然有作大事业，成大学问的可能。凡是成大事业，成大学问的人，都是凭他里面的兴味，冲动，决非理智计较的力量。

如何才能得到痛快的合理的生活*

凡对人情事理有所悟者，就是很大的学问。此其要点，即在集中精力，多用心思，去掉懒惰。能如此，才算握住生命真谛，才算得到痛快的合理的生活。

今天有三个意思要和大家说。

第一个意思是，师生之间切不要使之落于应付，应常常以坦白的心相示，而求其相通。如果落于应付，则此种生活殊无意趣。大概在先生一面，心里要能够平平静静的，不存一个要责望同学以非如何不可的意思；也不因少数同学懒惰而有不平之气。在同学一面，更要坦白实在——不搪塞，不欺骗，不懒惰。所谓坦白，就是指自己力量尽到而

---

* 本文选自《朝话》，见《梁漱溟全集》第2卷，山东人民出版社1990年版。

言；虽然自己有短处，有为难处，也要照样子摆出来。如果力量没尽到而搪塞掩饰，这是虚伪；如果力量没尽到而把懒惰摆出来给人看，这便是无耻。这两者是毁灭生命的凿子。人生只有尽力，尽力才有坦白之可言。坦白决不是没有羞恶，没有判断，它是要使每个人从坦白真实里面来认识自己，来发挥各自的生命力。每人都能如此，其情必顺，其心必通，才不致落于形式的表面的应付上，才能够大家齐心向前发展、创造！

第二个意思是，人都是要求过一个痛快的生活。但此痛快生活，果何自而来？就是在各自的精力能够常常集中、发挥、运用。此意即说，敷衍、懒惰、不做事，空自一天天待着去挨磨日子，便没法得到一个痛快的生活——也很不合算。于此我可以述说我的两个经验。

头一个经验，仿佛自己越是在为别人有所牺牲的时候，心里特别觉得痛快、酣畅、开展。反过来，自己力气不为人家用，似乎应该舒服，其实并不如此，反是心里感觉特别紧缩、闷苦。所以为社会牺牲，是合乎人类生命的自然要求，这个地方可以让我们生活更能有力！

再一个经验，就是劳动。我们都是身体很少劳动的人，可是我常是这样：颇费力气的事情开头懒于去作，等到劳动以后，遍身出汗，心里反倒觉得异常痛快。

以上这两个经验，一个比较深细，一个比较粗浅。但都是告诉我们：力量要用出来才能痛快。人类生命的自然要求就是如此。于此苟无所悟，实在等于斫丧自己的生命。

第三个意思是，有的人每每看轻自己的工作，觉得粗浅而不足为，这是一个错误。须知虽然是粗浅的事情，如果能集中整个精力来做，也能达到精微高深的境界。古人云：“洒扫、应对、进退，即是形而上学”，又云：“下学而上达”，都是指此而言。在事情本身说，表面上只有大小之殊，没有精粗——这件事比那件事粗浅的分野。俗话说：“天下七十二行，行行出状元”，只在各人自求而已。大概任何一件事业或一种学术，只怕不肯用心，肯用心一定可以得到许多的启示与教训，一定可以有所得、有所悟。在这个地方的所得，同在那个地方所得的是一样高深；在这里有所通，在别处也没有什么不通，所谓一通百通。所以凡对人情事理有所悟者，就是很大的学问。此其要点，即在集中精力，多用心思，去掉懒惰。能如此，才算握住生命真谛，才算得到痛快的合理的生活。

谈生命与向上创造*

“活”就是“向上创造”。

一般人大都把生活看作是有意识的，生命当作是有目的的，这是错误。整个生命的本身是毫无目的的。有意识的生活，只是我们生活的表面。

谈到向上创造，必先明白生命。生命是怎样一回事呢？在这里且先说：生命和生活是否有个分别？

生命与生活，在我说实际上是纯然一回事；不过为说话方便计，每好将这件事打成两截。所谓两截，就是，一为体，一为用。其实这只是勉强的分法，譬如以动言之，离开动力便没有活动；离开活动就没有动

* 本文选自《朝话》，见《梁漱溟全集》第2卷，山东人民出版社1990年版。

力，本是一回事。宇宙之所表现者虽纷繁万状，其实即体即用，也只是一回事，并非另有本体。犹如说：我连续不断的生活，就是“我”；不能将“我”与连续不断的生活分为二。生命与生活只是字样不同，一为表体，一为表用而已。

“生”与“活”二字，意义相同，生即活，活亦即生。惟“生”“活”与“动”则有别。车轮转,“动”也，但不能谓之“生”或“活”。所谓“生活”者，就是自动的意思；自动就是偶然。偶然就是不期然的，非必然的，说不出为什么而然。自动即从此开端动起——为第一动，不能更追问其所由然；再问则唯是许多外缘矣。

生命是什么？就是活的相续。“活”就是“向上创造”。向上就是有类于自己自动地振作，就是“活”；“活”之来源，则不可知。如诗文书画，兴来从事，则觉特别灵活有神，此实莫名其所以然。特别灵活就是指着最大的向上创造，最少机械性。虽然在人的习惯上，其动的方式可以前后因袭，但此无碍于特别灵活，因为它是促进创造的。

一般人大都把生活看作是有意识的，生命当作是有目的的，这是错误。整个生命的本身是毫无目的的。有意识的生活，只是我们生活的表面。就人的一生那么长的时间言之，仍以无意识生活为多。并且即在自己觉得好像有目的，其实仍是没有目的。就一段一段琐碎的生活上，分别目的与手段，是可以的；就整个生活说，没法说目的——实在也没有目的。如果要有目的，在有生之初就应当有了，后来现安上去一个目的就不是了。

向上创造就是灵活奋进，细分析之可有两点：（1）向上翻高，（2）往广阔里开展。生命（或生物）自开头起就是这么一回事，一直到人类——到现在的人类，仍是这么一回事。生物进化史、人类文化史，处处都表明这向上与扩大。以至现在我们要好的心、奔赴理想的精神，还无非是这回事。发展到此，已证明生命的胜利。但这个胜利，不是开头就规定如此，今后的归趋，仍然是不能有一个究竟的！

与向上创造相反的就是呆板化机械化的倾向。很奇怪的，亦是奇妙的事，生命为了求得更进一步之向上与扩大，恒必将其自身机械化了才行。他像是没有法子一蹴的上去，必须逐步进展，走上一步是一步。要迈进于第二步时，即把第一步交代给最省事的办法，就是把他机械化了，但这一段在生活里面就不用再去操心。例如动物生理现象中，循环系统消化系统种种运转活动，就是生命之机械化。生命在此一段，很邻近于机械，他不复是不能追问其所由然的第一动，不复是自动，而为被动矣。人类生活中必须养成许多习惯，亦是此例。习惯化即机械化。骑脚踏车未成习惯时，必得操心；既熟练后，不须再用心力，而可游心于更高一段的活动；在车上玩种种把戏之类。在生理现象与习惯之间的本能，亦是生命之机械化者；人类社会中之有礼法制度，正亦相同。这都是省出力量，再向前开展；一步步向上创造，一步步机械化，再一步步的开展去；生命就是始终如此无目的的向上创造。人类的向善心，爱好真理，追求真理，都从此一个趋向而来，不是两回事。这一趋向极明朗；但趋向只是趋向，不是目的。

一般人对道德的三种误解 *

一般人对道德有三种不同的误解:(一)认道德是拘谨的。(二)认道德是枯燥的。(三)认道德是格外的事情，仿佛在日常生活之外，很高远的，多添的一件事情。

按我的解释，道德就是生命的和谐。一般人对道德有三种不同的误解:

(一)认道德是拘谨的。拘谨都是迁就外边，照顾外边，求外边不出乱子，不遭人非议，这很与乡愿接近。所谓道德，并不是拘谨;道德是一种力量，没有力量不成道德。道德是生命的精彩，生命发光的地方，生命动人的地方，让人看着很痛快、很舒服的地方，这是很明白

* 本文选自《朝话》，见《梁漱溟全集》第2卷，山东人民出版社1990年版。

的。我们的行动背后，都有感情与意志的存在（或者说都有情感要求在内）。情感要求越直接，越有力量；情感要求越深细，越有味道。反过来说，虽然有要求，可是很迂缓、很间接，这样行动就没有力量、没有光彩。还有，情感要求虽然是直接，可是很粗，也没有味道。

（二）认道德是枯燥的。普通人看道德是枯燥的，仿佛很难有趣味。这是不对的。道德本身就是有趣味的。所以说："德者得也"；凡有道之士，都能有以自得——人生不能无趣味，没趣味就不能活下去。人之趣味高下，即其人格之高下——人格高下，从其趣味高下之不同而来；可是，都同样靠趣味，离趣味都不能生活。道德是最深最永的趣味，因为道德乃是生命的和谐，也就是人生的艺术。所谓生命的和谐，即人生生理心理——知、情、意——的和谐；同时亦是我的生命与社会其他的人的生命的和谐。所谓人生的艺术，就是会让生命和谐，会作人，作得痛快漂亮。普通人在他生命的某一点上，偶尔得到和谐，值得大家佩服赞叹，不过这是从其生命之自然流露而有，并未在此讲求。儒家则于此注意讲求，所以与普通人不同。儒家圣人让你要在他的整个生活——举凡一颦一笑一呼吸之间，都佩服赞叹，从他的生命能受到感动变化。他的生命无时不得到最和谐，无时不精彩，也就是无时不趣味盎然。我们在这里可以知道，一个人常对自己无办法，与大家不调和，这大概就是生命的不和谐、道德的不够。

（三）认道德是格外的事情，仿佛在日常生活之外，很高远的，多添的一件事情。而其实只是在寻常日用中，能够使生命和谐，生命有精彩，生活充实有力而已。道德虽然有时候可以发挥为一个不平常的事；然而就是不平常的事，也还是平常人人心里有的道理。道德并不以新奇为贵，故曰庸言庸行。

道德为人生艺术*

凡是一个人在他生命某一点上，值得旁人佩服、点头、崇拜及感动的，就因他在这个地方，生命流露精彩，这与写字画画唱戏作诗作文等作到好处差不多。

普通人对于道德容易误会是拘谨的、枯燥无趣味的、格外的或较高远的，仿佛在日常生活之外的一件事情。按道德可从两方面去说明：一面是从社会学方面去说明，一面是从人生方面去说明。现在我从人生方面来说明。

上次所说的普通人对于道德的三点误会，由于他对道德没有认识使然；否则，便不会有这种误会。道德是什么？即是生命的和谐，也就

---

* 本文选自《朝话》，见《梁漱溟全集》第2卷，山东人民出版社1990年版。

是人生的艺术。所谓生命的和谐，即人生生理心理——知、情、意的和谐；同时，亦是我的生命与社会其他的人的生命的和谐。所谓人生的艺术，就是会让生命和谐，会作人，作得痛快漂亮。凡是一个人在他生命某一点上，值得旁人佩服、点头、崇拜及感动的，就因他在这个地方，生命流露精彩，这与写字画画唱戏作诗作文等作到好处差不多。不过，在不学之人，其可歌可泣之事，从生命自然而有，并未于此讲求。然在儒家则与普通人不同，他注意讲求人生艺术。儒家圣人让你会要在他整个生活举凡一颦一笑一呼吸之间，都感动佩服，而从他使你的生命受到影响变化。以下再来分疏误会。

说到以拘谨，守规矩为道德，记起我和印度太戈尔①的一段谈话。民国十三年，太戈尔先生到中国来，许多朋友要我与他谈话，我本也有话想同他谈，但因访他的人太多，所以未去。待他将离北平时，徐志摩先生约我去谈，并为我们作翻译。到那里，正值太戈尔与杨丙辰先生谈宗教问题。杨先生以儒家为宗教，而太戈尔则说不是的。当时徐先生指着我说：梁先生是孔子之徒。太戈尔说：我早知道了，很愿听梁先生谈谈儒家道理。我本无准备，只就他们的话而有所辩明。太戈尔为什么不认儒家是宗教呢？他以为宗教是在人类生命的深处有其根据的，所以能够影响人。尤其是伟大的宗教，其根于人类生命者愈深不可拔，其影响更大，空间上传播得很广，时间上亦传得很久远，不会被推倒。然而他看儒家似不是这样。仿佛孔子在人伦的方面和人生的各项事情上，讲究得很妥当周到，如父应慈，子应孝，朋友应有信义，以及居处恭，执事

① 太戈尔（Rabindranath Tagore,1861—1941），今通译为泰戈尔，印度诗人、哲学家和印度民族主义者。

敬，与人忠等等，好像一部法典，规定得很完全。这些规定，自然都很妥当，都四平八稳的；可是不免离生命就远了。因为这些规定，要照顾各方，要得乎其中；顾外则遗内，求中则离根。因此太戈尔判定儒家不算宗教；而很奇怪儒家为什么能在人类社会上与其他各大宗教却有同样长久伟大的势力！我当时答他说：孔子不是宗教是对的；但孔子的道理却不尽在伦理纲常中。伦理纲常是社会一面。《论语》上说：“吾十有五而志于学，三十而立，四十而不惑，五十而知天命，六十而耳顺，七十而从心所欲不逾矩。”所有这一层一层的内容，我们虽不十分明白，但可以看出他是说的自己生活，并未说到社会。又如《论语》上孔子称赞其门弟子颜回的两点：“不迁怒，不二过，”也都是说其个人本身的事情，未曾说到外面。无论自己为学或教人，其着重之点，岂不明白吗？为何单从伦理纲常那外面粗的地方来看孔子呢？这是第一点。还有第二点，孔子不一定要四平八稳，得乎其中。你看孔子说：“不得中行而与之，必也狂狷乎！”狂者志气很大，很豪放，不顾外面；狷者狷介，有所不为，对里面很认真；好像各趋一偏，一个左倾，一个右倾，两者相反，都不妥当。然而孔子却认为可以要得，因为中庸不可能，则还是这个好。其所以可取处，即在各自其生命真处发出来，没有什么敷衍迁就。反之，孔子所最不高兴的是乡愿，如谓：“乡愿德之贼也。”又说：“过我门而不入我室，我不憾焉者，其唯乡愿乎！”乡愿是什么？即是他没有他自己生命的真力量，而在社会上四面八方却都应付得很好，人家称他是好人。孟子指点得最明白：“非之无举也，刺之无刺也，同乎流俗，合乎污世，居之似忠信，行之似廉洁，众皆悦之，自以为是，而不可与入尧舜之道。”那就是说外面难说不妥当，可惜内里缺乏真的。狂狷虽偏，偏虽不好，然而真的就好——这是孔孟学派的真精神真态度，这与太戈尔所想象的儒家相差多远啊！太戈尔听我说过之后，很高兴地说："我长这样大没有听人说过儒家这道理；现在听梁先生的话，心里才明白。"世俗误会拘谨，守规矩为道德，正同太戈尔的误会差不多。其实那样正难免落归乡愿一途，正恐是德之贼呢！

误以为道德是枯燥没趣味的，或者与误认拘谨守规矩为道德的相连。道德诚然不是放纵浪漫；像平常人所想像的快乐仿佛都在放纵浪漫中，那自然为这里（道德）所无。然如你了解道德是生命的和谐，而非拘谨守规矩之谓，则生命和谐中趣味最深最永。"德者得也"，正谓有得于己，正谓有以自得。自得之乐，无待于外面的什么条件，所以其味永，其味深。我曾说过人生靠趣味，无趣味则人活不下去。活且活不下去，况讲到道德乎？这于道德完全隔膜。明儒王心斋先生有"乐学歌"（可看《明儒学案》），歌曰："乐是乐此学，学是学此乐，不乐不是学，不学不是乐。"其所指之学，便是道德，当真，不乐就不是道德呀！

道德也不是格外的事。记得梁任公先生、胡适之先生等解释人生道德，喜欢说小我大我的话，以为人生价值要在大我上求，他们好像必须把"我"扩大，才可把道德收进来。这话最不对！含着很多毛病。其实"我"不须扩大，宇宙只是一个"我"，只有在我们精神往下陷落时，宇宙与我才分开。如果我们精神不断向上奋进，生命与宇宙通而为一，实在分不开内外，分不开人家与我。孟子说："今人乍见孺子将入于井，皆有怵惕恻隐之心。"这时实分不出我与他（孺子）。"我"是无边际的，那有什么小我大我呢？虽然我们为人类社会着想，或为朋友为大众卖力气，然而均非格外的，等于我身上痒，我要搔一搔而已。

一个人的生活*

“我怎么样去生活”的问题没有唯一不二的答案，我们只能告诉人去觅他的路，觅了路如何走而已。

觅着了路就要走。诚实的去走一条路，就是积极，就是奋斗。

生活是最普泛最寻常的事，草木也生活，鸟兽也生活，小孩子疯癫白痴诸般神经病者也生活。他们的生活都很容易——并不是说他们很容易生存，是说他们生活的时候没什么疑难。因为什么没有疑难？因为他们的生活是用不着拿意思去处理的，若是一个人的生活就难得很。

他是一个人，你是一个人，我是一个人，我们都是一个人，不是不是人，不是一个以上两个三个的人，也不是一个以下大半个小半个的

* 本文 1919 年发表于《少年中国学会报告》第 3 期，1923 年收入《漱溟卅前文录》。见《梁漱溟全集》第 4 卷，山东人民出版社 1991 年版。

人。倘然是一个人，这很难很难处理的事就加在了我们的头上，摆在了我们的面前：我怎么样去生活？

我怎样去生活？倘然我没有打好主意，我一步都走不了。我应当到大学来作教习不应当？很是疑问。岂但如此，我今天的饭应当吃不应当吃？很是疑问。我的眼应当睁开看天看地不应当？很是疑问。并不是不成问题。

我看见一位伍观淇先生，他说总没有打好了这个主意，不知道哪个主意好？一旦得到了这个主意，即或是要他拿刀杀人，他就去拿刀见人便杀，决不迟疑。现在最苦的事只为没打好这主意。伍先生的精神我们实在佩服。我愿意大家，我尤愿意我们少年，都像伍先生这个样子：第一是打主意，第二是打了主意就去行。我大声告我少年道：切莫走闭眼路！

但是伍先生要我们给他一个主意，我们没有主意给他；我们要大家开眼觅路时，我也没一条路给大家。质言之：“我怎么样去生活”的问题没有唯一不二的答案，我们只能告诉人去觅他的路，觅了路如何走而已。大约这要觅路，如何觅路，如何走路，是大家可以共得的；其路则不须共也。

大约这“我怎么样去生活”的问题是少年中国学会的人都打量过一番了。因为我们已经标明了奋斗的字样，就这组织“少年中国学会”的事已是奋斗的实现，大家对于大家本身的生活都不是提起问题加以处理了的么？奋斗不是处理的积极进行么？所以不必再要大家去提起问题。“提起问题”这件事不过是我们对于社会上大多数人所希望的罢了。我常听见人说要建设民本政治，要改良社会，要提倡新思想，我觉得很难办。因为什么？因为现在社会上大多数人都是不拿意思去处理他的生活的，都是不发问的，虽非白痴疯癫也就几希的，你就是把民本政治等东西送到他面前，他是不睬的呀！必须他发问他怎么去生活，然后才好告诉他如此如彼。故此启牖他的思想要他发问在这一般人最为紧要急切。

我们现在已然在奋斗，用不着启牖发问，但是怎样去实行还是很要紧。因为我们的答案并没答完毕；或是只答我目前如此如此，完整的人生观还没建立，或我以为完全解答了，他日意思变动了又生疑问。所以一边觅路一边走路，一边走路一边觅路，是大家的通例，也是很不错的法子。如此说来，我们就要问怎样觅我们的路？怎样走我们的路？这无别的道，就是诚实，唯一就是诚实。

你要晓得你是已经起了疑问，你对于你的疑问不容不应付，你那唯一应付的法子再无第二，只有诚实。你如不然，就会有大危险，不是别人加危险于你，是你自己已经违离了宁帖。小则苦恼，大则致精神的变态，如癫狂心疾之类，并非故甚其辞，大家默察可也。头一层，我问我怎样去生活？我须诚实的作答。未诚实去答，我一定不信赖这个答，那疑问岂不是始终悬在眼前，惶惶然没个着落么？所以非诚实的答不可。如果诚实的去答了，无论这个答圆满不圆满，也不得而知他圆满不圆满，但是在我已经是唯一不二的了。并不是他一定对，是因我所有的唯有诚实。我没能力可以越过我的诚实，所以我可以信赖的也不能再过于我这诚实的解答。即或自知未圆满也是信赖的，因现在我没有法子信赖别的。有一个信赖的答就过得今天的生活。换言之，倘然我不诚实的答我的问，我就过不得今天的生活。第二层，既答了就要行，觅着了路就要走，走路必须诚实。诚实的去走一条路，就是积极，就是奋斗。倘然不积极不奋斗，就不满我对我自己的要求。因为我问而得答的时候，我就要求如所答的生活，这个要求不是要求别人给我如此一个生活，是我要我如此去生活。如果我去，如果我积极的去，就满了这要求。如果我不去，我不积极的去，就不满这要求。不满这要求就没应付当初的疑问。已经答应了他，又不应付他，比未答应他时还要苦恼。（大家要晓不一定手脚齐忙是积极是奋斗，凡是一人对自己意思为断然处置的都是积极，都是很激烈的奋斗）已经答应了他，又不应付他，在“一个人”不应当有这种事，所以这样的生活即不能算“一个人的生活”。又诚实的去走路才不会走出两歧的路来。唯诚实的走路乃走一条路，一条逼直的路，唯走一条路乃为“一个人的生活”。倘然走出歧路来，一只脚往东一只脚往西，或者南辕北辙，岂不是一个以上或一个以下的人了么？那不得为“一个人的生活”也甚明。既看见了路又走差路，其当如何悔恨？不积极的走路，不过消极的未满自己的要求，走了差路是积极的乖反自己要来，其将如何的苦痛？

自从起意思的那一天——就是发问的那一天——一个人的生活便已开始，唯有诚实的往前，不容休息休息，不容往左往右往后，永无歇止，只有死而后已。不是我不容你，你倘然当初不是一个人，是一个小孩子白痴那很容易办。你已然是一个人，再要他恢复到小孩子白痴已是不可能了。你已然起了意思，你要在恢复没起意思状态已是不可能了。这生活开始以后，只有诚实的答问，诚实的走路，一分不诚实立刻就是一分的疚憾。无论你跑到什么地方，他总追到你，你没有法子解脱他，除非诚实。不为别的，但缘你已是有意思的人了，不然是白痴了。

我同你、同他、同我们所有少年中国学会的人，不是已经拿意思去处理自己的生活了么？从此以后，无有休止的时候，也无有休止的地方了，只有诚实的往前：我往我看见的那个前，你往你看见的那个前，他往他看见的那个前，俗话叫做“各自奔前程”。除非这“一个人的生活”完了的时候，方才拱手一声“告别了！”

人都会自己去走对的路*

佛学家多说，任人去走他的路，一定不对；应该教人走佛的路。我觉得人是自然会走到佛的路上去的，不必教他；如其不然，宁愿舍佛就人。

我相信凡是人都是会自己去走对的路的，所有的不对都在“我一定要怎么样怎么样”。这就是说，有些人想借某种权力去压下别的意思，推行自己的意见；只信任自己，不信任大家。我以为我们有什么意思尽管可以陈述；但不应该强众从我。因为大家本来都是自己能走对的路，如果真要靠我一人去纠正大家，即是已足表明此事之无甚希望。不信任人，是最不对的；人在直觉上都自然会找到对上去。所以知识上人格上

* 本文是作者《人心与人生》补遗，照陈政所记稿本选编。见《梁漱溟全集》第1卷，山东人民出版社1989年版。

的错处坏处，都是一时的，结果是终久要对的。用强力干涉，固然错误，忧愁这世界要愈弄愈坏，也是错误。我信人都是好的，没有坏的；最好是任听大家自己去走，自然走对。因此我全无悲观，总觉得无论如何都对。我从来未曾反对过谁的说话。同我极不对的话，都任凭去说，说了有好处的，因为经过了这一步，便可以顺次去走下一步。**人都是要求善求真的**，并且**他都有求得到善和真的可能**。这话看似平常，实甚重要。许多老先生们看着现在的局面觉很可悲，就是不信人类是这样的，实在也就是不信自己了。佛学家多说，任人去走他的路，一定不对；应该教人走佛的路。我觉得人是自然会走到佛的路上去的，不必教他；如其不然，宁愿舍佛就人。还有许多宗教家也都如他们那样说；又有些所谓道德家要讲禁恶禁欲等都是不对的。北大已故教授杨昌济引过斯宾塞的话，说社会较好于个人，亦即此意。

生命的歧途*

古人之立功立言立德，只许在其人一生之后由别人来说；不是一个人打算自己将要去立功或立言或立德。如自己考虑要去立功，功定不成；考虑要去立言，言亦必不能立；考虑要去立德，则更成为虚伪。

昨日阅某生日记云："人生有三件事，革命、文学与醇酒妇人，三者得一，亦算值得；三者苟能兼而有之，则人生之愿足矣。"又云："古人言人生有三不朽：立功、立言、立德；立德乃因以前中国无敌国外患，大家闲散，才来讲这鸟事！"这话在从前的人听到，会要生气；如何会将立德看为鸟事？在我们则可以原谅他，而加以分析，指出他的

* 本文选自《朝话》，见《梁漱溟全集》第2卷，山东人民出版社1990年版。

错误。

古人之立功立言立德，只许在其人一生之后由别人来说；不是一个人打算自己将要去立功或立言或立德。如自己考虑要去立功，功定不成；考虑要去立言，言亦必不能立；考虑要去立德，则更成为虚伪。凡有意要去立功、立言、立德，都是不行的。某生把立德看成这样，那当然只是个装模作样而已；所以他加以藐视而生反感，谓之鸟事。于此我要告诉大家一句话，人生是靠趣味的。对于什么事情无亲切意思，无深厚兴趣，则这件事一定干不下去。如我从事乡村运动，若没有亲切的意思与深厚的兴趣，而只想着要立德、立功，那简直是笑话，而且一定干不下去。立功之人，在他自己不知是立功，到末了由人家看他是立功而已。如有人误解立功立言立德之说，而自己先打算要去立功立言立德，这是被古人所骗；非古人骗他，而是他自己骗了自己。再如我现在不续娶，虽非以此为乐，亦是甘心情愿；倘若要立德而不续娶，那等于由立德而出卖了自己。这最不成功，亦最冤枉不过。

其次再说革命文学与醇酒妇人。这话亦只是说说而已；说这话的人，于此三事都不会成功。把革命排列在文学酒色之间，这种革命哪得成功？或算不得什么革命。说这话的人，在革命上实亦不够格。文学亦是如此。只有超过文学能产生文学；有意乎文学，其为文学反倒有限。因他没有真的人生，对人生的酸甜苦辣无深刻体会，所以不会产生文学；即有文学，亦难产生极有价值的伟大作品。说这话的人仿佛有一点文人的味道，同时也可以看出其内部力量并不大，所写的也恐怕只是一点颓废的文字而抓不着什么人生的或社会的意义。至于醇酒妇人，说这话的人亦不会成功。一个人如果打算将这一生沉湎于酒色里罢，他勉强去求未必得到。即得到，那意思也很薄了。趣味怕有意追求，追求则趣味没有了。醇酒妇人只是一种豪举，在这豪举上亦可让人拍拍掌而已。但这要豪性人碰到机会才有此豪举，非求可得。如有人说醇酒妇人多么好，痛快地乐一下吧！其结果可以告诉他：“你一定失望，一定会感觉得索然无味，一定会厌恶弃绝。”就因为原系豪人之豪举，不能模仿，不能追求；一追求，什么都完了！所以说：说这话的人亦只说说而已，在他都不会成功。

在某生因对立德误解，由此而生反感，我们从他这反感上看去时，可以看出传统观念在他身上很少；从社会方面来的压迫，在他身上有力量来表示不服。本来在这时代因袭势力已经衰退，对个人已无多大压迫，青年人之反抗亦非难事。但究竟于此还可以看出有点力量，还可以看出高强的不平凡的心理。这是可取的一点。至于对革命文学醇酒妇人的想望，此系从其不健全心理发生的。他大概是感情不舒快，而要求舒快，不觉流露出来。除此之外没有旁的。这完全属于一时感情作用，产生不出什么结果。所谓健全心理，是沉着有力的、统一的，不单有感情，而且有理智，有意志。由此健全心理发出来的念头，才有力量，才是自由的、统一的。若只从片面感情求舒快，其本身方陷于问题中而无法超脱，这不是自由的，这是生命的歧途；值不得我们的同情的。

谈乐天知命 *

吾人生命与宇宙大自然原是浑一通彻无隔碍的，只为有私意便隔碍了。无私意便无隔碍，任天而动，天理流行，那便是乐天知命了。

然而亦不是没有忧。其忧也，不碍其乐。

古人有许多话，早先我自以为能领会其意义，其实所领会的极其粗浅。今年过八旬后，感受时事环境教训，乃有较深领会于心。此一不同，唯自己心里明白而已，难以语人。今略记之于左；人之领会于吾言者如何，又将视其在人生实践上为深为浅而不同焉。

例如五十年前旧著《东西文化及其哲学》，曾比照“智者不惑，勇

* 本文写于 1979 年，见《梁漱溟全集》第 7 卷，山东人民出版社 1993 年版。

者不惧”，指出“仁者不忧”之大可注意，自谓能晓然其意义矣；其实甚浅甚浅。今所悟者乃始与《易·系辞》“乐天知命故不忧”一语若有合焉。乐天知命是根本，仁者不忧根本全在乐天知命。

何谓乐天知命？天命二字宜从孟子所云“莫之为而为者，天也；莫之致而至者，命也”来理解。即：一切是事实的自然演变，没有什么超自然的主宰在支配。自然演变有其规律，吾人有的渐渐知道了，有的还不明白。但一切有定数，非杂乱，非偶然。这好像定命论，实则为机械观与目的观之合一，与柏格森之创化论相近，不相违。吾人生命与宇宙大自然原是浑一通彻无隔碍的，只为有私意便隔碍了。无私意便无隔碍，任天而动，天理流行，那便是乐天知命了。其坦然不忧者在此。然而亦不是没有忧，如云“忧道不忧贫”；其忧也，不碍其乐。忧而不碍其乐者，天理廓然流行无滞故耳。孔子自己说，“其为人也，发愤忘食，乐以忘忧，不知老之将至”，意思可见。孔子又云，“五十而知天命”，殆自其学养功夫到五十之年自家生命乃息息通于宇宙大生命也。

在平素缺乏学养的我如上所说，不过朦胧地远远望见推度之词。即从如上所见而存有如下信念：一切祸福、荣辱、得失之来**完全接受**，**不疑讶**，**不骇异**，**不怨不尤**。但所以信念如此者，必在日常生活上有其前提：“战战兢兢如临深渊，如履薄冰”是也。

临深履薄之教言，闻之久矣。特在信服伍庸伯先生所言反躬慎独之后，意旨更明。然我因一向慷慨担当之豪气（是个人英雄主义，未是无产阶级革命的英雄主义），不能实行。及今乃晓得纵然良知希见茁露，未足以言“戒慎乎其所不睹，恐惧乎其所不闻”。却是敛肃此心，保持如临深履薄的态度是日常生活所必要的。此一新体会也。

信得及一切有定数（但非百分之百），便什么也不贪，什么也不怕了。随感而应，行乎其所当行；过而不留，止乎其所休息。此亦是从临深履薄态度自然而来的结果。

注：一切有定数，但又非百分之百者，盖在智慧高强的人其创造力强也。一般庸俗人大都陷入宿命论中矣。

无反省则无领略 *

人在世上生活，如无人生的反省，则其一生就活得太粗浅，太无味了。无反省则无领略。

反省其生活，领略其生活，都是帮助人生向上的。

现在秋意渐深。四时皆能激发人：春使人活泼高兴，夏使人盛大，秋冬各有意思。我觉得秋天的意思最深，让人起许多感想，在心里动，而意味甚含蓄。不似其余节气或过于发露，或过于严刻。我觉得在秋天很易使人反省，使人动人生感慨。人在世上生活，如无人生的反省，则其一生就活得太粗浅，太无味了。无反省则无领略。秋天恰是一年发舒

* 这是 20 世纪 30 年代梁漱溟任山东省乡建院研究部主任时在朝会上的一次讲话，见《梁漱溟全集》第 2 卷，山东人民出版社 1990 年版。原标题为《秋意》，现标题为本书编者所拟。

的气往回收，最能启人反省人生，而富感动的时候。但念头要转，感情要平。心平下来，平就对了。越落得对，其意味越深长；意味越深长越是对。我在秋天夜里醒时，心里感慨最多。每当微风吹动，身感薄凉的时候，感想之多，有如泉涌。可是最后归结，还是在人生的勉励上，仿佛是感触一番，还是收拾收拾往前走。我夙短于文学，但很知道文学就是对人生要有最大的领略与认识；他是与哲学相辅而行的。人人都应当受一点文学教育。这即是说人人都应当领略人生。心粗的人也当让他反省反省人生，也当让他有许多感想起来。当他在种种不同形式中生活时，如：四时、家庭、作客、作学生、当军人、一聚一散等，都应使他反省其生活，领略其生活。这种感想的启发都是帮助人生向上的。

批评胡适之先生的人生态度并述我自己的人生态度*

我也并非说有机的社会观是不对；我只是说这种人生态度是把重心放在外面的。本来社会上就容易如此：总要替他的生活“找”一个价值，“找”一个意义，总是怀抱着许多的意思向外去“找”，怎么可以有成就，怎么可以不失败。

这个题目似乎于礼敬上不大好，适之先生是诸位同学的师长，是我们敬爱的朋友，似乎不应该批评到他的人，而且近许多年来社会上很不注重礼敬，我常觉得不好，今天这个讲题，自然也难免此弊。如果我是

---

* 本文为作者 1923 年 12 月 9 日在北京大学第三院大讲堂的讲演，由陈政记录，1923 年发表于《北京大学日刊》。见《梁漱溟全集》第 4 卷，山东人民出版社 1991 年版。

适之先生，一定心里也要想，我的人生态度何必要你批评呢？但是这有一个特别缘故。近几年来社会上仿佛有一种与从前不同的人生态度上的风气。这种风气如果有一个很有思想很有价值的人替他做中坚，把他的道理说得圆融通妙，便可以像是很站得住，于此便有一个极大的毛病，即是使人很难发觉他的缺点和流弊，倒还不如没有人替他做中坚的好。我们因为反对这种风气，当然须对于能使此种风气立得住脚的先生们下批评，适之先生可以算是其中的代表人物，所以我们要对于他下批评，实际上就是批评这种风气，并不是无端的找适之先生麻烦。这是我先要声明的。

但是我怎么能知道适之先生的人生态度呢？老实讲，其实无论谁也不能知道谁的人生态度，就是自己也不能知道自己的，因为现在大家所有的都仅仅是一片话。我对于适之先生的知道，当然也不过是他那一片话。适之先生在《新青年》第六卷第二号有一篇文章，题目是《不朽》。《不朽》的题目底下有“我的宗教”四个小字；文章后面有三行附注：“这一篇和本志四卷二号陈独秀先生的《人生真义》，陶孟和先生的《新青年之新道德》，四卷四号李守常先生的《今》大旨都相同，这四篇差不多可算是代表《新青年》的人生观的文字，读者可以参看。”这四篇文章意思都差不多，而以此篇为最能代表，文章做得真好，说理也很圆到。兹先叙其大意，然后批评。

他说社会是有机的；又引来勃尼慈[①]“世间上的人，每人受着全世界一切动作的影响”的话，说是有机的世界观。他说从这有机的社会观

① 来勃尼慈（Gottfried Wilhelm Leibniz,1646—1716），今通译为莱布尼茨，德国哲学家，数学家。作者下引的话为莱布尼茨对其单子论和先定和谐论的阐释。

和有机的世界观上面，生出他的“社会的不朽论”的大旨是：

> 我这个“小我”不是独立存在的，是和无量数小我有直接或间接的交互关系的，是和社会的全体和世界的全体都有互为影响的关系的。种种从前的因，种种现在无数“小我”和无数他种势力所造成的因，都成了我这个“小我”的一部分。我这个“小我”，加上了种种从前的因，又加上了种种现在的因，传递下去，又要造成无数将来的“小我”。这种种过去的“小我”，和种种现在的“小我”，和种种将来无穷的“小我”，一代传一代，一点加一滴，一线相传，连绵不断，一水奔流，滔滔不绝——这便是一个“大我”。“小我”是会消灭的，“大我”是永远不灭的。“小我”是有死的，“大我”是永远不死，永远不朽的。“小我”虽然会死，但是每一个“小我”的一切作为，一切功德罪恶，一切语言行事，无论大小，无论是非，无论善恶，一一都永远留存在那个“大我”之中。那个“大我”便是古往今来一切“小我”的纪功碑，彰善祠，罪状判决书，孝子慈孙百世不能改的恶谥法。这个“大我”是永远不朽的，故一切“小我”的事业，人格，一举一动，一言一笑，一点念头，一场功劳，一桩罪过，也都永远不朽。这便是社会的不朽，“大我”的不朽。

说完了“小我”的关系，在末了他又提出他那“我的宗教”。他说：

> 我的宗教的教旨是：
>
> 我这个现在的“小我”，对于那永远不朽的“大我”的无穷过

去，须负重大的责任，对于那永远不朽的“大我”的无穷未来，也须负重大的责任。我须要时时想着，我应该如何努力利用现在的“小我”，方才可以不孤负了那“大我”的无穷过去，方才可以不遗害那“大我”的无穷未来？

这一篇话，说得的确很好。假如我不是以前本来站在别的一个立足点上，一定也要很受他的感化。况且这些话也实在可以于大家有许多益处，我也并非说有机的社会观是不对；我只是说这种人生态度是把重心放在外面的。本来社会上就容易如此：总要替他的生活“找”一个价值，“找”一个意义，总是怀抱着许多的意思向外去“找”，怎么可以有成就，怎么可以不失败。适之先生这一派的说法就恰好给这“向外找的态度”以一种圆融通妙的道理，使他居然像是站得住。陈仲甫先生和李守常先生的意思，大致也差不多，大意是我们应该对社会负责任，应该努力创造许多幸福，大家享受，益且使后人也可享受。

我们批评这种人生态度，先说其浅薄无能力，然后稍稍指出他的错误。

像这样的一片话，在情志没甚不安的人可以听得入耳，如果在情志大动摇的人，如因失恋而几至自杀者，那就完全不相干。不但如此，就是对于深感人生的空虚和烦闷及对于人生十分疲乏的人，也是完全无效。因为那种造福负责任的话，同他的问题没有关系。拿这样浅薄的道理来对付生活，必是未曾深深尝过人生的滋味。大约失恋的痛苦，人生空虚疲乏之感，他都不曾领略过。真正尝过人生的酸甜苦辣的，一定晓得这片道理是无济于事的。他没有替青年解决烦闷的能力。

再进一步，这片道理不但没有救药的能力，实在恐怕还要更增加人的烦闷。因为人家本来很烦闷，听说有一片好道理可以替他解决，当然高兴，等到看见所谓顶好的道理也不过如此，岂不使他更失望更烦闷。所谓造福，不过是衣食男女；所谓负责任，不过是把衣食男女的功夫做得更好一点。这有什么意义呢？我为什么要替社会造福呢？我为什么要对社会负责任呢？愈问愈不得其解，即愈增其烦闷。

但是这种烦闷就没有法子解决吗？有的。原来这种烦闷的病源就是一个“找”。他本来在那里找，你更引他去找，结果愈找愈找不着。人生的意义与价值是不能找的；你去找，一定不能得。“人生意义与价值在何处”这个问题根本是不该当解答的，因为人生本无意义与价值。人生无所谓有意义与有价值，也无所［谓无］意义与无价值。所谓人生的意义，就是问“我为什么生活？”当他问的时候，就是想要“找”一个意思。可是我们平常所谓意义，所谓价值，都只是日常的片段的零碎生活偶然应用的一个名目。比如问“我现在为什么来讲演？”或者说是为的使大家可以多了解一点我的意思。当人作如是分别时，实已先有一个大标的在，这大标的虽不必是人有意去建立，但无意中实已存在。所谓意义，都只有对待此大标的而后可言。比如说话者是为什么的，即是先已有“我要活着”的大标的。合于这种大标的，通常叫做有意义；不合的就叫无意义，甚或还要加以屏斥。这样的虽然比较的算大，但还是生活中的小段，不是绝对的，还是有所为的。真正完全的整个的生活则不然；他不是关系于其他种种的。整个的意思，就是绝对的，非片段的。所有平常用的评算衡量，只能施于片段的生活而不能施于整个的生活。平常因为把生活看成片段惯了，把找意义的态度养成了习惯，便不觉的也去施用于整个的生活。其实整个的生活并不与其他种种有关系，根本说不到意义与价值。我还可以说，假使（实际上不会有的）你经过种种的研究商酌，确定了人生的意义与价值，其实还不是你的真的人生意义与价值，因为你无论如何是一个后来的追加。根本上“找”的态度就很可怜。你生活便生活好了，“找”什么呢？根本的救济方法，便是放下你“找”的态度。我只要一放下，便什么都有了：标的也有了，意义也有了，价值也有了。所谓责任，只能对自己，不对其他；我的责任只有当下的责之于己者。我觉得大家总是不重己的一面，总要向外拼命的去找，无论谁都是这样。那种种情形，如贼入室，如鼠出洞，东张西望，总想着手一点儿而去，实在真正可怜。我从前有一篇文章里曾有一段话也是这个意思，现在略述于下：

> 我们看着社会上一般人陷溺在不合理的生活中真是痛苦，真是可怜，不能不说几句话。《东方杂志》译载罗素所作《中国国民性的几特点》说中国人不好一面的特点头一件就是贪婪。这话在今日社会上贪风炽盛的时候，是无法否认的。但这是什么缘故呢？这由于他们人生态度的谬误。他们把生活的美满全放在物质的享乐上，如饮食男女起居服用等一切感觉上的受用。总之，他以为乐在外边而总要向外有所取得，两眼东觅西求，如贼如鼠。其实如此是得不到快乐的；他们把他们的乐已经丧失净尽，再也得不着真实甜美的乐趣。他们真是痛苦极了，可怜极了。在我想这种情形似乎是西洋风气进来之后才有这样厉害。几十年前中国人还是守着他们自来耻言利的态度，这是看过当时社会情形的人所耳熟能详的。中国国民性原来的特点恐怕还是比别的民族好讲清高，不见得比别的民族贪婪。近来社会上贪风所以特别炽盛，是西洋人着重物质生活的幸福和倡言利的新观念所启发出来的。贪婪在个人是他的错谬和苦痛，

在社会是种种罪恶的病原菌，例如最大的政治紊乱问题即出于此。如果今日这种贪婪的风气不改，中国民族的前途就无复希望，这是可以断言的。但是要改贪风，必须根本掉换过这种人生态度。我们看见近来论人生观的文章，如陈仲甫先生的《人生真义》，李守常先生的《今》，胡适之先生的《不朽》，所谓《新青年》一派的人生观，都不能使我们满意。他们那些话完全见出那种向外要有所取得的态度，虽然不应与贪婪的风气混为一说，但实在都是那一条路子，就是说同样的是向外找而不在自身上体认人生的价值。在这条路上无论话说得怎样的好，也不能让人免于流入贪婪或转移贪婪的风气，至于解决烦闷，奠定人生，更说不到了。

照我说：人生没有什么意义可指，如其寻问，那就只在人生生活上而有其意义，人生没有什么价值可评，如其寻问，那么不论何人当下都已圆满具足，无缺无欠（不待什么事业功德学问名誉或什么其他好的成就而后才有价值）：人生没有什么责任可负，如其寻问，那么只有当下自己所责之于自己的。尤其要切着大家错误点而说的，就是人生快乐即在生活本身上，即在活动上，而不在有所享受于外。所以应该改换过那求生活美满于外边享受的路子，而回头认取自身活动上的乐趣，各自就其适宜的地方去活动。人类的天性是爱活动的，就在活动上而有其乐趣。比如儿童的好动即其天性，他连几分钟的静坐都办不到。大人也是如此，乐的时候必想动，动的时候必然乐。因为活动就使他生机畅发，那就是他的快乐，并不要另向外面找快乐。大约一个人都蕴藏着一团力量在内里，要借着一种活动发挥出来，而后他的人生［才］是舒发的，快乐的，同时也就是合理的。我以为凡人都应当就自己的聪明才力找个相当的地

> 方去活动：喜欢那一种科学就弄那种科学，喜欢那一种艺术就弄那种艺术，喜欢那一种事业就去从事做那种事业。总而言之，找个地方把自家的力气用在里头让他发挥尽致。这样便是人生的美满；这样就有了人生的价值；这样就有了人生的乐趣。

讲了这一大片，说话虽然没有什么修理，但是我同他们两边不同的态度已经可以见得出来。最后我还要声明：根本上我们大家所讲的都只是一片话，都是想拿一片话指导自己的生活，实际上的生活却不一定能够如此。心里的意思仅仅是一个意思，并不能使实际生活全与符合。我现在虽然并不能将“找”的态度完全放下，但很想往那边做，因为我确实知道“只要一放下‘找’的念头，里边的乐趣便立刻涌现出来”。

我之人生观如是 *

生命者无目的之向上奋进也。所谓无目的者以其无止境不知所届。生物之进化无在不显示其势如此；而人类之结侣合群同心协力积极作为奋勉向前尤其豁露著明最可指见者也。

广西省立二中留京学会同人以其学会会刊《友声杂志》复行出版，向我索几句赠言，我没有多少可说的话，我只能直摅我当下胸臆之所有者以奉答。

我不晓得我为什么看到旁人积极的有所作为，有那一种奋勉向前的样子，我总起一种欣喜、高兴、欢迎、赞成的心理。我不晓得我为什么

* 本文作于 1923 年，为桂林旅京学会《友声》杂志复刊赠言，后收入《漱溟卅前文录》时更名为《这便是我的人生观》，1991 年收入《梁漱溟全集》第 4 卷（山东人民出版社）时用现标题。

看到旁人有一种社会的行谊——就是大家集合团结起来，有那一种同心协力的样子，我总起一种欣喜、高兴、欢迎、赞成的心理。

我对于二中学会同人，有这种学会的组织，和努力办一种杂志，为我们沉闷闭塞的广西作一点启牖的工夫，没有许多意思可说，还只是这一种不晓得为什么的欣喜、高兴、欢迎、赞成的心理罢了！

这种奋勉向前的情事是我们在人类社会中随在可见的——或于一个人或于一团体。这种同心协力的情事也是我们在人类社会中随在可见的——小而夫妇朋友之间，大而至于国家世界。便是我所谓不晓得为什么对此类情事便欣喜、高兴、欢迎、赞成的心理初非我所独有，而也是随在可见，人心之所同然的。我想大约在有史以前一直到现在恐怕常常是这般的，在大地之上恐怕到处都是这般的。只不晓得这般的到底是为什么？

有人说，这是因为人类要图谋他的生活所以如此，至于那同心协力的心理、奋勉向前的心理和对此而表欢迎赞成的心理，则出于所谓创造的冲动互助的本能等，而这些本能冲动又是从生物进化中经天择作用保留发展出来以便图谋生活的。我则以为不然。必说种种都是为谋生活，不知生活却为什么？自我观之，**这般就是生活**，**并非这般所以谋生活**；**这般正是生活**，**并没这般所以为生活**。则所谓图谋生活之“生活”果何指？其重要者当在食色二事耶？此二事者其一则营养而维持生命，其一则蕃殖而扩张生命。若然，则似乎只好说营养所以为生命而不好说生命所以为营养——只好说吃饭是为活着，不好说活着是为吃饭。蕃殖一事自然也是这样。营养蕃殖既不可以为生命本题所在，必谓凡人类之同心协力奋勉向前皆所以为此，殆不然欤。然则人类若是种种同心协力奋勉向前，却都是为什么呢？自我言之，**生命者无目的之向上奋进也**。**所谓无目的者以其无止境不知所届**。**生物之进化无在不显示其势如此**；**而人**

类之结侣合群同心协力积极作为奋勉向前尤其豁露著明最可指见者也。即此无目的之向上奋进，是曰人生真义，亦即可以说即此同心协力奋勉向前便是人生真义。夫谁得而知其协力向前之果何所为耶？故曰“我不晓得我为什么……”其必指而强为生解曰：“是所以谋生活也！是所以谋生活也！”盖甚非甚非也！甚非甚非也！

吾每当春日，阳光和暖，忽睹柳色舒青，草木向荣，辄为感奋兴发莫明所为，辄不胜感奋兴发而莫明所为。吾每当家人环处进退之间，觉其熙熙融融，雍睦和合，辄为感奋兴发，辄不胜感奋兴发而莫明所为。吾每当团体集会行动之间，觉其同心协力，情好无间，辄为感奋兴发，辄不胜感奋兴发而莫明所为。吾或于秋夜偶醒，忽闻风声吹树，冷然动心，辄为感奋扬励，辄不胜感奋扬励而莫明所为。又或自己适有困厄，力莫能越，或睹社会众人沉陷苦难，力莫能拔，辄为感奋扬励，辄不胜感奋扬励而莫明所为。又或读书诵诗，睹古人之行事，聆古人之语言，其因而感奋兴起又多多焉。如我所信，我与二中学会同人与大地之上古往今来之人盖常常如是自奋而自勉焉。此之谓有生气。此之谓有活气，此之谓生物，此之谓活人，此之谓生活。生活者生活也，非谋生活也。事事指而目之曰“谋生活”则何处是生活？将谓吃饭睡觉安居享受之时乃为生活耶？是不知生发活动之为生活，其饮食则储蓄将以为生发活动之力者也，其休息则培补将以为生发活动之力者也，而倒转以饮食休息为生活，岂不惑耶？天下之为惑也久矣！率天下而为贪夫贱子半死之人者由此道也！昔者叶公问孔子于子路，子路不对。孔子曰：“女奚不曰：‘其为人也，发愤忘食，乐以忘忧，不知老之将至云尔’！”呜呼！是吾道也！吾将以是道昭苏天下垂死之人而复活之！今爰以勉吾二中学会同人，愿同人其勉焉！

我的信念*

我总是相信人，我总觉得天下无不可合作之人，我始终抱定这信念而向前迈进，毫不犹疑！

要能“宽以居之”，方能将各方面容纳进去。

第一个信念：我觉得每人最初的动机都是好的，人与人都是可以合得来的，都可以相通的。不过同时每一个人亦都有些小的毛病。因人人都有毛病（不过有多少轻重之分），故让人与人之间，常有不合不通的现象。虽不合不通之事常有，但人在根本上说，向上要好，还是人同此心，心同此理，究竟有其可合可通之处。在我们应努力去扩大此可相通相合之点，与天下人作朋友，而不与人隔阂分家。这是我第一个信念。

* 本文选自《朝话》，见《梁漱溟全集》第2卷，山东人民出版社1990年版。

我总是相信人，我总觉得天下无不可合作之人，我始终抱定这信念而向前迈进，毫不犹疑！

第二个信念：我觉得一切的不同都是相对的、比较的。换言之，即一切的不同都是大同小异。自其异者而观之，则无往而不异；自其同者而观之，则实亦无何大不同。所以彼此纵有不同，不必看成绝对鸿沟之分。更进一步说，即不同，其实亦不要紧，天下事每每相反而实相成。章行严先生因墨子有尚同之说，故标尚异之说，以为要欢迎异的，要异才好。我们在见解主张上不必太狭隘、固执；要能“宽以居之”，方能将各方面容纳进去。如果对于方向路子拿得很狭隘，往前去作，难得开展。所以我于异同之见不大计较。此原则，我运用亦有时失败，不过那只是安排得不恰当；我现在惟有盼望我更智慧一点，不再蹈以前的错误。但我始终要本此态度做去。

我的生活实情*

我自己行动多悔，差不多几十年来总是这样子。

我希望大家各自看自己，这个没有旁的，只看自己没有可悔的，是不是自己都很顺，自己对自己有否满足的地方。

我自己行动多悔，差不多几十年来总是这样子。所谓心安理得者，在我心中很不容易继续，即很不容易比较没有问题，不后悔。这有两层原因：自己从小时起，要强，不同流俗的意气盛，这种意气支配了自己，就容易有悔有悟。反过来说，如一个平常流俗的人也许没有这样多的问题。这是一层。还有一层，就是时代正当到大转变，入于纷乱，无正轨可循，无路子可走。碰到这时代，很难作到平稳，若真是能作到常

* 本文选自《朝话》，见《梁漱溟全集》第 2 卷，山东人民出版社 1990 年版。

常心安理得，怡然理顺，必然是内里面生命力很强，功夫作到很高的程度。我既是那样一个人，所遭遇的又是这样一个时代，故很难没有问题；而同时心中自己对自己有问题，所以力量不大，因为许多力量都耗费在自己身上也。故一种奋爽有力的生活不能长，只是一阵而已。本来在这时代、在这世界，所需要的是对大局有判断，对自己生活能奋爽有力，而我生活上的奋爽有力却不能长，心中常常是徘徊游移。可说情绪方面不安。从眼前一件小的事情可以作例。就是我到广州去不去，在心中都不能爽快的决定。这就是不行，都是心中有毛病，没有力量。在不能爽快的决定时，即事后容易追悔的一个预兆。这件事情——到广州去——是一件小的事情，但还有比这更小的事情，譬如在一天中做什么事，或人家来信如何回答，或有问题如何处理，细细想来，所谓心安理得爽快有力，都做不到。我现在差不多没有旁的要求，我所求的是能够常常心安理得，内部很妥帖。自己行动很顺，少遗恨。那么，这个样子，我心里头可以说是舒服好过，而表现在外面的或许比现在有力量。

大概总是自己有许多毛病习气不能化除，同时自己又不肯糊涂马虎。如真是糊涂马虎，也许就混过了。我希望大家各自看自己，这个没有旁的，只看自己没有可悔的，是不是自己都很顺，自己对自己是否有不满足的地方。马虎也许是让自己少苦的，可是马虎是一大危险。并且是，自己不知道马虎而马虎，还没有什么；若有意的马虎，心中一定很苦。

怕人类到今天顶不好办——精神上不好办，尤其是今日之中国人不好办，其精神上之苦闷，难得条理顺当。可是精神上不能条理顺当，则没有力量，不能创造，不能打开局面。所以，在这时想法作对精神的条顺功夫是非常必要的。

我自己的长短*

大概一切生物都像机器一样，不停止的不自主的在那里转，只有中国和印度的古代贤哲是比较进步了好多，他了解自己是如何去转，能以自动的转，不是机械的转。我自己觉得我现在还是在那里不自主的转。

我的长处，归结言之，可有两点：一点为好学深思，思想深刻；一点则为不肯苟同于人。至于短处，不能用一句话说出来，大概说来就是自己不会调理自己、运用自己。头脑好像一条长的绳索，发挥放射出去，就收不回来，如我之好犯失眠症即其显证。要治此病，我自己也有一个方法，就是“诚”。大家或许也看出我是一片真诚；不过，实在说

* 本文选自《朝话》，见《梁漱溟全集》第2卷，山东人民出版社1990年版。

来，也在某一些地方上的念头不单纯。意思多就是不诚。不诚，则自己全副生命不能凝集于一处。意思纷歧，念头就拴不住，仍然是不由自主的在活动。

在表面上似是自己能管理自己，旁人也看我是如此，如吃苦耐劳，屏绝嗜好，食色都很淡泊，其实这都是自己在勉强自己，勉强就等于以一个我管理一个我。他不是整个生命力的伟大活泼，就是不诚、不真切，这是不对的。我自己很知道生命力要是活泼的整个的才对，可是老是做不到。别人看我像是很好，其实内里也有毛病。

求到而做不到，这在我的确很苦，所以我求师求友之念极切，常想如何得遇哲人救我一下。孔子，是千载不遇的；就是遇到阳明先生及其弟子来教导我一下也好。我如果遇到，就把全生命交给他，要我如何我便如何。但这样的人在现在人类社会中仿佛没有，也或许是我求师求友之念不很真切吧？

大概一切生物都像机器一样，不停止的不自主的在那里转，只有中国和印度的古代贤哲是进步了好多，他了解自己是如何去转，能以自动的转，不是机械的转。我自己觉得我现在还是在那里不自主的转。在学理上，我是比普通所谓学者的能了解人是自主的、自由的，自己可以运用自己，即中国印度贤哲的境界我知道了一点（普通人大都是不自主而自己还不了解，此实糊涂危险），但还是没有做到那一种地步。这是我的一个缺欠。

吾人的自觉力*

一个人缺乏了“自觉”的时候，便只像一件东西而不像人，或说只像一个动物而不像人。“自觉”真真是人类最可宝贵的东西！人类优越的力量是完全从此处来的。

一个人缺乏了“自觉”的时候，便只像一件东西而不像人，或说只像一个动物而不像人。“自觉”真真是人类最可宝贵的东西！只有在我的心里清楚明白的时候，才是我超越对象、涵盖对象的时候；只有在超越涵盖对象的时候，一个人才能够对自己有办法。人类优越的力量是完全从此处来的。所以怎么样让我们心里常常清明，真是一件顶要紧的事情。

---

* 本文选自《朝话》，见《梁漱溟全集》第2卷，山东人民出版社1990年版。

古代的贤哲，他对于人类当真有一种悲悯的意思。他不是悲悯旁的，而是悲悯人类本身常常有一个很大的机械性。所谓机械性，是指很愚蠢而不能清明自主，像完全缺乏了自觉的在那里转动而言。人类最大的可怜就在此。这点不是几句话可以说得明白；只有常常冷眼去看的时候，才能见到人类的可悲悯。

人在什么时候才可以超脱这个不自主的机械性呢？那就要在他能够清明自觉的时候。不过，这是很不容易。人在婴儿时代是很蠢的，这时他无法自觉。到了幼年、青年时代，又受血气的支配很大。成年以后的人，似乎受血气的支配较小；但他似乎有更不如青年人处，因这时他在后天的习染已成，如计较、机变、巧诈等都已上了熟路，这个更足以妨碍、蒙蔽他的清明自觉。所以想使人人能够清明自觉，实在是一大难事。人类之可贵在其清明自觉，人类之可怜在其不能清明自觉，但自今以前的人类社会，能够清明自觉者，实在太少了。

中国古人与近代西洋人在学术上都有很大的创造与成就。但他们像是向不同的方向致力的。近代西洋人系向外致力，其对象为物；对自然界求了解而驾驭之。中国古人不然，他是在求了解自己，驾驭自己——要使自己对自己有一种办法。亦即是求自己生命中之机械性能够减少，培养自己内里常常清明自觉的力量。中国人之所谓学养，实在就是指的这个。

人若只在本能支配下过生活，只在习惯里面来动弹，那就太可怜了。我们要开发我们的清明，让我们正源的力量培养出来；我们要建立我们的人格。失掉清明就是失掉了人格！

心理的调整 *

单是求知识，没有用处，除非赶紧注意自己的缺欠，调理自己才行。要回头看自己，从自己的心思心情上求其健全，这才算是真学问。

大家来到此地，都抱有求学研究之志，但我恳切的告诉大家说：单是求知识，没有用处，除非赶紧注意自己的缺欠，调理自己才行。要回头看自己，从自己的心思心情上求其健全，这才算是真学问，在这里能有一点，才算是真进步。

人类所以超过其他生物，因人类有一种优越力量，能变化外界，创造东西。要有此变化外界的能力，必须本身不是机械的。如果我们本身

* 本文选自《朝话》，见《梁漱溟全集》第 2 卷，山东人民出版社 1990 年版。

是机械的，我们即无改变环境之力。人类优长之处，即在其生命比其他物类少机械性。这从何处见出呢？就是在他能自觉，这是人类第一也是唯一的长处；而更进步的，是在回头看自己时，能调理自己。我们对外面的东西，都知道调理他，譬如我们种植花草，或养一个小猫小狗，更如教养小孩，如果我们爱惜他，就必须调理他。又如自己的寝室，须使其清洁整齐，这也是一种调理。我们对外界尚需要调理，则对自己而忘记调理，是不应该的。

不过调理自己与调理东西不甚一样。调理自己要注意心思与心情两面。心思方面最要紧的是要条理清楚。凡说一句话，或写一段文字，或作一篇文章，总要使其清楚明白，一篇东西，得要让它有总有分，对一个问题也要能仔细分辨。如缺乏条理，徒增多知识是无用的，因为知识是要用条理来驾驭的。至心思之清楚有条理，是与心情有关系的；在心情不平时，心思不会清楚，所以调理心情是最根本的。

对心情应注意的有两点：一是懈，一是乱。懈或散懈，是一种顶不好的毛病，偶然懈一下，这事便作不好，常常散懈，则这人一毫用处没有；社会上也不会有人去理他。在写日记时的苟且潦草敷衍对付，都是从懈来。日记写的短不要紧，最不好是存苟偷心理。一有这心理，便字不成字，话不成话，文不成文。苟且随便从散懈心理来，干什么事都不成不像，这就完了。

乱或暴乱，是心情不平，常是像有点激动，内部失掉均衡和平；容易自己与自己冲突，容易与旁人冲突，使自己与环境总得不到一个合适。暴乱或偏激，与散懈相反；散懈无力，暴乱初看似乎有力，其实一样的不行。因其都是一种机械性，都无能力对付外面变化，改造环境。这种无能的陷于机械性的人是可怜的。然则如何可不陷于机械而变成一个有能力的人？这是要在能自觉，不散懈，亦不暴乱，要调理自己，使心情平和有力，这就是改变气质的根本功夫。

调理自己需要精神，如果精力不够时，可以休息。在我们寻常言动时，绝不可有苟且随便的心情；而在做事的时候，尤须集中精力。除非不说不做，一说一做，就必须集中精力，心气平稳的去说去做。譬如写一篇文章，初上来心很乱，或初上来心气尚好，这时最好平心静气去想，不要苟且从事，如果一随便，就很难得成为一气。所以我们的东西不拿出则已，拿出来就要使他有力量。诸同学中有的却肯用心思，但在写文章时，条理上还是不够，有随便苟且之意，字句让人不易看清楚。有的同学还更差些，这不是一件小事体，这是一个很要紧的根本所在。

所以大家要常常回头看，发现自己的缺欠，注意去调理。做事则要集中精力去做，一面须从容安详，一面还要挺然。挺然是有精神，站立得起。安详则随时可以吸收新的材料，因为在安详悠闲时，心境才会宽舒；心境宽舒，才可以吸收外面材料而融会贯通。否则，读书愈多愈无用。

调整自己必亲师取友*

如果要想调理自己，就得找一个好的环境。所谓好的环境，就是说朋友团体，求友要求有真志趣的朋友；好的朋友多，自然向上走了。

做人必须要时时调理自己，求心志清明，思想有条理。如果大家能照此去行，简直是一生受用不尽；如果不能够注意这话，就是自暴自弃，就是自己不要自己。

但在调理自己的上面，有什么好方法呢？我曾说过调理自己要自觉，要反省，时刻去发现自己的毛病；比如自己的毛病在于性子太急，或在于太乱太散懈，这都须自觉地去求医治。但是人每不易做到，不易

* 本文选自《朝话》，见《梁漱溟全集》第2卷，山东人民出版社1990年版。

自知其病，虽知病又不易去管理自家。古人云：“智者不能自见其面，勇者不能自举其身。”这就是说人不易看清楚自己的面孔；即看清了又不易随时可以自主的调理自己。于是这时唯一的方法，就是“亲师取友”。此外别无他法。为什么呢？因为每人常会把自己忽忘了，如果不忽忘，就一切都无问题；无奈都易于忽忘，因此就得师友常常提醒你，使你不忽忘。

靠朋友之提醒以免于忽忘，这是一层；更进一层，就是靠朋友的好处，以融化感应自己的缺短而得其养，假定我的脾气是急躁的，与脾气和平者相处，可以改去急躁；我的精神不振，而得振作的朋友，我处于其中，也自然会于无形中振作起来。

所以如果我们有意去调理自己，则亲师取友，潜移默化，受其影响而得其养，是一个最好的办法。说得再广泛一些，如果要想调理自己，就得找一个好的环境。所谓好的环境，就是说朋友团体，求友要求有真志趣的朋友；好的朋友多，自然向上走了。如果在一块的人是不好的，那就很危险，不知不觉地就会日趋于下流。

再则，朋友彼此帮忙时所应注意的，就是：以同情为根本，以了解为前提。我们对朋友如果是爱护他的，自然要留意他的毛病短处，而顶要紧的，还是要对于他的毛病短处，须有一种原谅的意思。我们指点他的毛病短处的时候，应当是出于一个好的感情，应当是一个领导他帮助他的意思。是要给他以调理，不是只给他一个刺激就算完了。自然，有时候一个严重的刺激，也是不可少。即是说有时候有给他一个痛责的必要。但大体上说，你不要只给他一个刺激算完，必须得给他一种调治。如果爱惜他的意思不够，说话就不会发生效力。

言　志*

“你的志愿何在？”如果有人这样问我，那我可以回答：

我愿终身为民族社会尽力，并愿使自己成为社会所永久信赖的一个人。

今日早晨想到《论语》上“盍各言尔志”一句话，现在就言我之志。“你的志愿何在？”如果有人这样问我，那我可以回答：

我愿终身为民族社会尽力，并愿使自己成为社会所永久信赖的一个人。

在这混乱的中国社会，无论在思想上、在事实上，都正是彷徨无主的时候。这时候做人最难有把握，有脚跟。常见许多人，在开头的时

* 本文选自《朝话》，见《梁漱溟全集》第 2 卷，山东人民出版社 1990 年版。

候都很有信望，但到后来每每失去了社会的信任，促使社会益发入于混乱。我觉得现在的中国，必须有人一面在言论上为大家指出一个方向，更且在心地上、行为上大家都有所信赖于他。然后散漫纷乱的社会才仿佛有所依归，有所宗信。一个复兴民族的力量，要在这个条件下才能形成。我之所以自勉者唯此，因我深切感到社会多年来所需要者唯此。

八十年来，中国这老社会为新环境所刺激压迫，而落于不幸的命运，民族自救运动一起再起，都一次一次的先后失败了。每一次都曾引动大家的热心渴望，都曾涨到一时的高潮；但而今这高潮都没落了，更看不见一个有力量的潮流可以系属多数的人心，却是到处充满了灰心、丧气、失望、绝望。除了少数人盲目地干而外，多数人无非消极鬼混，挨磨日子，而其实呢，中国问题并不是这样一个可悲观的事。悲观只为蔽于眼前。若从前后左右通盘观测，定能于中国前途有很深的自信；只可惜多数人蔽于眼前，没有这眼光罢了！我是对中国前途充满了希望，绝对乐观的一个人。我胸中所有的是勇气，是自信，是兴趣，是热情。这种自信，并不是盲目的、随便而有的；这里面有我的眼光，有我的分析与判断（我讲的《乡村建设理论》便是这个，不复赘）。我是看到了前途应有的转变与结局，我相信旁人亦能慢慢地看到；因为从事实上一天一天在暗示我们所应走的而唯一可能的方针路线（乡村建设）。我的自信不难成为大家的共信；我的勇气可以转移大家的灰颓之气。大概中国社会不转到大家有自信、有勇气之时，则中国将永远没有希望。然而民族自救的最后觉悟、最后潮流毕竟是到了！我们就是要发动这潮流，酿成这潮流！这方向指针我是能以贡献给社会的——我充分有这自信。单有方向指针还不够，还须有为社会大众所信托的人格，为大家希望之所寄。因此，我要自勉做一个有信用的人，不令大家失望。

欲望与志气*

心实在应该搁在当下的。可是聪明人，老是搁不在当下，老往远处跑，烦躁而不宁。所以没有志气的固不用说，就是自以为有志气的，往往不是志气而是欲望。

在这个时代的青年，能够把自己安排对了的很少。在这时代，有一个大的欺骗他，或耽误他，容易让他误会，或让他不留心的一件事，就是把欲望当志气。这样地用功，自然不得其方。也许他很卖力气，因为背后存个贪的心，不能不如此。可是他这样卖力气，却很不自然，很苦，且难以长进。虽有时也会起一个大的反动，觉得我这样是干什么？甚或会完全不干，也许勉强干。但当自己勉强自己时，读书做事均难

* 本文选自《朝话》，见《梁漱溟全集》第 2 卷，山东人民出版社 1990 年版。

入，无法全副精神放在事情上。甚且会自己搪塞自己。越聪明的人，越容易有欲望，越不知应在那个地方搁下那个心。心实在应该搁在当下的。可是聪明人，老是搁不在当下，老往远处跑，烦躁而不宁。所以没有志气的固不用说，就是自以为有志气的，往往不是志气而是欲望。仿佛他期望自己能有成就，要成功怎么个样子。这样不很好吗？无奈在这里常藏着不合适的地方，自己不知道。自己越不宽松，越不能耐，病就越大。所以前人讲学，志气欲望之辨很严，必须不是从自己躯壳动念，而念头真切，才是真志气。张横渠先生颇反对欲望，谓民胞物与之心，时刻不能离的。自西洋风气进来，反对欲望的话没人讲，不似从前的严格；殊不知正在这些地方，是自己骗自己害自己。

发心与立志 *

儒家的立志与佛家的发心其精神意味不同：佛家是原谅与悲悯，儒家则是刚正的态度。这二者内里自有彼此相通的地方。所以终极都是一个自由的活泼泼的有大力量的生命。

许多人都觉得近来生活不安，我亦时常有此感觉。因此我知道一般人思想之杂乱、心里之不纯净，真是很难办的事！人多半都有种种私欲私意，要这个，要那个；本来我们的心量已经十分渺小，这么一来就更危险，怕更没有力量来干我们的事业了。古人有言："知病即药！"现在让我指点出来，使大家知道自己心杂无力即"病"。然后才可望常自觉警惕！

---

* 本文选自《朝话》，见《梁漱溟全集》第 2 卷，山东人民出版社 1990 年版。

我听说有几位同学读佛书。我对于佛学前曾稍作探究。佛家的彻始彻终便是“发心”——“发菩提心”。发心是什么？这味道非常深醇，颇难言说。盖所谓发心，不但是悲，且是智慧的；他是超过一切，是对众生机械的生命，能有深厚的了解原谅与悲悯。而要求一个不机械的生命。儒家也是要求一个不机械的生命，但与佛家不同。儒家亦有彻始彻终的一点，在立志。然儒家的立志与佛家的发心其精神意味不同：佛家是原谅与悲悯，儒家则是刚正的态度。这二者内里自有彼此相通的地方。所以终极都是一个自由的活泼泼的有大力量的生命。

我们都是力量不够的人，要去可怜旁人，先须可怜自己。如何可怜自己？就是须培养开发自己的“愿力”（发心与立志都是愿力）。怎样开发？要在当初动念干这个乡村运动的地方去找，去反问自己为何有此意思？而此意思为何又在彼时真切？这样能将原来的真情真愿因反求而开大。当痛痒恻隐之情发露时而更深厚之，扩充之，则正念有力，杂念自可减少。唯有愿力才有大勇气，才有真精神，才有真事业。不论佛家儒家皆可，但须认取其能开发我们培养增长我们力量的那一点。我们只有努力自勉，才能完成我们伟大的使命！

成功与失败*

成功是什么呢？成功是巧，是天，不是我。失败是什么呢？失败是我，是我的错误，我有缺漏。

一事之成，都须要若干方面若干条件的凑合。失败之由，总在自己差失处，精神不照处……

没有志气的人，没有成败可说；有志气的人，没有经过二三十年奋斗不懈的阅历，也不会懂得成功与失败是怎么一回事。成功是什么呢？成功是巧，是天，不是我。失败是什么呢？失败是我，是我的错误，我有缺漏。

一事之成，都须要若干方面若干条件的凑合。百分之九十九都凑合

---

* 本文选自《朝话》，见《梁漱溟全集》第 2 卷，山东人民出版社 1990 年版。

了，一分凑不齐，便不成。在这百分中，有若干是须要自己努力的；有若干是自己努力不来，而有待于外的。而细审之，没有哪一点不须要自己精神贯注，亦没有哪一点不有待于外面机会（非自己力所能及）。然而一个人（或一伙人，或一个团体），怎能没有错误呢？没有缺漏呢？聪明而晓事的人，早晓得自己大小错误多得很，缺漏到处皆是。凡自以为我无过者，都是昏庸蠢劣之极。天下固无无过之事也。说“我无过”者，正已是从头错到底，更不消同他论什么过不过。错误了，而居然不从这里出岔子，而混得过去，岂非天乎！一次混过去，二次又混过去；这里没出岔子，那里又没出岔子；岂非天之又天乎！成功是什么？成功是巧而已，是侥幸而已。古往今来，于事业有成功者，而其人又聪明晓事，吾知其于成功之时必有此叹也。而失败了呢？则不得怨人。一切失败，自然都是各方面不凑合，什么事本非自己所能包办的。然而失败之由，总在自己差失处，精神不照处，或是更大的错误，根本错误。像是楚霸王的“天亡我也”，虽在某时亦确有此叹；不过，若因此将自己许多错误缺漏都不算，那还是蠢劣，自己不要强。所以说失败是我，我值其咎。古往今来，一切失败者，而其人又自己真要强，吾知其于努力失败时必如此负责也。

成功的事和失败的事相比较，其当事者内里所有疏漏孰多孰少，亦许差不多；不过一则因其成功而见不出，一则因其失败而不可掩耳。古人云：“不可以成败论人”，旨哉言乎！其理盖如此。

志愿真诚*

我们往前做事情，都要依靠志愿真诚，才能把心放在较公的地方（公就是志愿）。不然，四五个人四五个心，你有你的打算，我有我的打算，彼此的心都不放在一个地方，则很难相合。

刚才时济云先生对于此次毕业分发出去服务的同学讲话，提出志愿真诚四字来勉励大家。志愿真诚四个字，话很平常，谁都会说；因为大家常说这个话，便几乎没有味道了。可是实在说，我们往前做事情，都要依靠这点，我想是对的。

第一因为我们做的事是一个创新，乡农学校就是创新的一件事，不是方方面面已有轨道可循，而是任什么都在不定中，正须去探讨摸索

---

* 本文选自《朝话》，见《梁漱溟全集》第 2 卷，山东人民出版社 1990 年版。

创造。此时周围环境很不顺，不顺靠什么能顺呢？那非靠我们里面的劲——真诚老往前追求的劲，不能通得过去。在创造的时候，如无热心毅力，稍一碰钉子便将完了。探求新路子的时候，必须靠此，必须耐烦；志愿真诚才能耐烦，不真诚必是敷衍塞责；何能创造？创造要耐烦，耐烦才能通得过。在此时代，非如此不可。这是一层意思。

再则，我们此刻做事，最大的问题是对人问题，对事问题尚放在第二。大家出去做事，最先遇到的是对人问题。譬如县政府的人（或我们参加县政府工作的研究部同学），都与大家相关系，都会发生人的问题。对人问题顶要紧的是这一点真诚。巧滑的人固然巧于对付，不会被人挑剔，不会与人翻脸，眼前都能过得去；但结果他还是得罪人，大家终要讨厌他。如果是真诚，就有错误，大家也可原谅；到底真诚人能对付过去，巧滑人则不能。对人问题既要紧，故真诚为必要。大抵对人靠真诚，而对事则靠技术。不过，许多技术、许多方法，眼前开办时用不上。眼前完全是人的问题，故非靠真诚不可。这是第二层意思。

第三，我们做乡农学校的事情，如果能做得几分，则必完全靠每一校内四五个同学的和衷共济。此事很显明。如果这几个同学的力量互相牵制，彼此妨碍，好像一辆车，一个往东拉，一个往西拉，则一定不行，事情马上不能做，一定闹笑话。可是这四五个人如何能和衷共济？那么，必靠志愿真诚。志愿真诚，才能把心放在较公的地方（公就是志愿）。不然，四五个人四五个心，你有你的打算，我有我的打算，彼此的心都不放在一个地方，则很难相合。心能放在较公的地方，就是志愿。志愿真诚才能顾全大局；为顾全大局，校长才能照顾尊重其余四个人的意见，其余的四个人也才能尊重这个作校长的人。这几个人在事情上能遵从校长，校长也能容纳这几个人的意见，此之谓和衷共济。没有志愿，一定有许多小毛病出来，如顺嘴说闲话各图便宜等。志愿真诚，则毛病可以减少，彼此才能凑到一块去，四五个人如闹意见不合，一定把事弄糟。还不如一个人去做呢！我们做事情，既须和衷共济，所以最要的是志愿真诚。这是第三层意思。

朋友与信*

朋友之道，在中国从来是一听到朋友便说“信”字。

既成朋友，则无论在空间上隔多远，在时间上隔多久，可是我准知道他不致背离；此方可谓之为信。

朋友相信到什么程度，关系的深浅便到什么程度。不做朋友则已，做了朋友，就得彼此负责。交情到什么程度，就负责到什么程度。朋友不终，是很大的憾事；如同父子之间、兄弟之间、夫妇之间处不好是一样的缺憾。交朋友时，要从彼此心性认识，做到深刻透达的地方才成。若相信的程度不到，不要关系过密切了。

朋友之道，在中国从来是一听到朋友便说“信”字。但普通之所谓

---

* 本文选自《朝话》，见《梁漱溟全集》第2卷，山东人民出版社1990年版。

信，多半是“言而有信”的意思，就是要有信用。这样讲法固不错；但照我的经验，我觉得与朋友往还，另有很重要的一点；这一点也是信，但讲法却不同，不是信实的意思；而是说朋友与朋友间要信得及，信得过所谓知己的朋友，就是彼此信得及的朋友。我了解他的为人，了解他的智慧与情感，了解他的心性与脾气。清楚了这人之后，心里便有把握，知道他到家。朋友之间，要紧的是相知；相知者彼此都有了解之谓也。片面的关系不是朋友，必须是两面的关系，才能发生好的感情。因为没有好的感情便不能相知。彼此有感情，有了解，才是朋友。既成朋友，则无论在空间上隔多远，在时间上隔多久，可是我准知道他不致背离；此方可谓之为信。

朋友与社会信用 *

朋友相交，大概在趣味上相合，才能成为真朋友。从自己的趣味、好尚、品格，而定朋友高低；从朋友高低，而定自己在社会上的信用地位。

一个人在社会上的地位或在社会上所取得的信用资望，与朋友很有关系。差不多真是可以以朋友作标准，而决定其在社会上之地位信用。仿佛一个人他自己不能有一个显著的颜色——自己固然有颜色给人看，可是朋友帮助他的颜色更显著。交什么朋友，就归到那一类去，为社会看为某一类的人。没有较高尚的朋友，在社会上自己不会被人看高一点。能不能有较高尚的朋友，那完全看自己的情感志气趣味如何。朋

---

* 本文选自《朝话》，见《梁漱溟全集》第 2 卷，山东人民出版社 1990 年版。

友相交，大概在趣味上相合，才能成为真朋友。从自己的趣味、好尚、品格，而定朋友高低；从朋友高低，而定自己在社会上的信用地位。那么，人不能交高尚的朋友，在社会上很难得到较好的地位，而自己趣味尚不高时，也很难交得较好的朋友。

说到我的交友，可分为两个段落：头一个段落为我二三十岁时所交的朋友，差不多没有一个不比我年纪大的，如张难先、林宰平、伍庸伯、熊十力诸先生，都比我大十岁或二十岁，他们对我可算是忘年交，我看他们都是在师友之间的。不同年龄的人其趣味不同，而竟能成为很好的朋友，这都不是容易的。后一个段落里头的朋友，多半都比我小几岁，他们以我为中心，而形成一个朋友团体，一直到现在还一起共学共事。

现在中国社会与以前老社会不同。由个人相交而成朋友的，这是老的方式，以后朋友的关系要生变化，不单是个人彼此的关系，说朋友就是集团，是很多人在一起。或自己加入集团，或自己创造集团。

开诚布公以立信*

人心都是要求光明磊落的，凡是光明磊落说出做出的事情，即便不好，人也甘心。人最不乐意于藏头露尾，半吞半吐的把戏。

自身先不使人怀疑，人家才肯相信。

现在社会上，实在找不出一个让多数人信得及的人或团体，他们——人或团体——在谈话时，都说得非常之好，非常动听；但是人却总不敢相信他，都以为他的背后还别有用意；这是现在中国社会上的一种普通现象。即以我们的乡村运动来说，别人在未了解以前，也同样地以为我们别有企图，而非真来做此工作。中国社会之不安，半由于斯。此种不相信之态度，实非好现象。不相信，一切事都难做通，事情唯有

* 本文选自《朝话》，见《梁漱溟全集》第2卷，山东人民出版社1990年版。

相信才可以做得通。如《大公报》几次抗日募捐，数目达到七十万元之巨，社会人士踊跃输将，而不稍有疑心；此其故，即以其信用已生根于社会，人人皆信得及，相信其不致有何差误，故敢坦然相托。中国今日民穷财困，达于极点，六七十万元在西洋社会原自不成问题，而在中国则着实不易；由此可以看出社会人士之重义，及要求公道之心理是如何迫切。但现在情形，到处乌烟瘴气，黑幕重重，使社会找不出一个信得及的人或团体，以致满怀热诚，无由发泄，虽欲援助亦无从援助起。故目前社会要求有信用的人或团体，真是如饥如渴！古人云："民无信不立"，旨哉言乎！此意思实甚重要。不相信的态度，实为一大乱源。因不相信，故各怀鬼胎，互为猜忌；事情原无恶意，但如此一来，便亦"好意当作恶冤家"了。

人与人之间是如此，社会与社会间亦恰无二致。如此下去，其危机不言可喻。现在的问题，是如何才能使社会信得及。以我所见，这只有彻底的开诚布公，将一切暧暧昧昧遮遮掩掩的行为，根本铲除。好事情固可昭然于社会；即不好的事，也必须直言不讳，一切都公开。这样自然一面可以解除误会；一面也渐渐地可以使人对你信得及。的确，人心都是要求光明磊落的，凡是光明磊落说出做出的事情，即便不好，人也甘心。人最不乐意于藏头露尾，半吞半吐的把戏。此道理无论在家庭之间、政府与人民之间、一切人与人之间，皆是如此。如能看透此点，本此去公开做事，自然可以行得通。自身先不使人怀疑，人家才肯相信；人相信得及，才肯舍死相助，终至万众一心。

忏悔
——自新*

当真去“忏悔”“自新”，又必须看透自己过去所犯的毛病是机械、可怜、糟糕！这时他才能真对自己生一个悲悯心，把“悔恨”转为悲悯，自己可怜自己。到了悲悯的心境，自己就高超了一层……

在人生的时间线上须臾不可放松的，就是如何对待自己。如果对于自己没有办法，对于一切事情也就没有办法。我们都是活人，不做乡村工作也得生活；但是如何把自己的生活，安排的顺顺当当，就不容易。假如此人是资质很平庸的，他自己内心的矛盾冲突或许少；这个意思就

* 本文选自《朝话》，见《梁漱溟全集》第2卷，山东人民出版社1990年版。

是说他还好办。若是资质很聪颖的人，他自己有点才气，其问题就越复杂，越难办！虽然他才气有，聪明有，但怕他私欲也比旁人盛，比旁人多。大概有聪明的人，好出风头，爱面子，对声色货利等，格外比旁人贪，格外比旁人求；这是他斩不断的病。本来他要强的心也比旁人明白，可是他为坏的心也比旁人高；如果内心不澄清，认不清楚自己，这时他心里一定有很多问题。教他去做乡村工作，也一定有很多问题；因为他不能对付自己，则终日惝恍，精神上得不到安慰；自己先不安，还有何法去做乡村工作呢！

我自己过去的经过，大家于我“自述”一文中可以见到一个大概；不过还有很多的事情没有说。我在二十岁的时候，曾有两度的自杀，那都可以表现出我内心的矛盾冲突来。就是自己要强的心太高，看不起人家，亦很容易讨厌自己；此原故是一面要强，一面自己的毛病又很多，所以“悔恨”的意思就重，使自己与自己打架；自己打架，打到糊涂得真是受不了的时候，他就要自杀。

如何才能够使内心的矛盾冲突平下呢？在这个地方，本来宗教很有力量，他能够帮助着人“忏悔”，帮助着人“自新”。也只有“忏悔”“自新”才能够解决这个问题。但是在我说，却不是得到宗教的帮助，所以也不能以宗教指点人。不过“忏悔”“自新”，是大家要刻刻在念的。如果谁能够对自己的责备越严，其“忏悔”也越深，这种人大概都是好人。不过在他心里有极烦闷复杂的问题而不得解决，所以容易出于自杀之途，这时候最要紧的是帮助他“忏悔”“自新”。

我的“忏悔”“自新”，不是从宗教来，可以说完全是从对人类生命有了解，对人类生命有同情这个地方来的，所以也每每从这个地方去领导人“忏悔”“自新”。所谓对人类生命有了解是什么？就是了解人类生命当真是可悲悯的。因为人类生命是沿着动物的生命下来的；沿着动物的生命而来，则很近于一个动的机器，不用人摇而能自动的一个机器。机器是很可悲悯的，他完全不由自主。我之所谓可悲悯，就是不由他自主。很容易看见的是：我们活动久了就要疲劳睡觉，不吃饭就饿，很显著的像机器一样。其他好恶爱憎种种情欲，多半是不由自己。看这个贪，看那个爱，怠忽懒惰，甘自堕落，不知不觉的他就那样。照我所了解的，人能够管得住他自己的很少。假如好生气，管住不生气好难！在男女的关系上，见面不动心好难！他不知怎的念头就起了。更如好名、出风头等，有时自己也知道，好歹都明白，可是他管不了自己。

因为我对人类生命有了解，觉得实在可悲悯，可同情，所以对人的过错，口里虽然责备，而心里责备的意思很少。他所犯的毛病，我也容易有。平心说，我只是个幸而免。例如在男女的关系上发生什么不规则的行为、不对的事情，我回头看我自己，只是幸而免；因为这样的念头我都动过，不过没有成了事实，仅是幸免而已。这样对人类有了解，有同情，所以要帮助人“忏悔”“自新”，除此更有何法！人原来如此啊！你自己原谅你自己罢！大家也都各自原谅自己罢！“过去的不说了，我们再努力开拓新生命罢！”只有这么一句话。

中国古人袁了凡有两句话说得很好：“以往种种譬如昨日死；以后种种譬如今日生。”这个话实在说得好！如果内心有矛盾冲突的人，我们可以告诉他：“你忏悔自新罢！”“往者不可谏，来者犹可追”啊！可是当真去“忏悔”“自新”，又必须看透自己过去所犯的毛病是机械、可怜、糟糕！这时他才能真对自己生一个悲悯心，把“悔恨”转为悲悯，自己可怜自己。到了悲悯的心境，自己就高超了一层；自己不打架，不矛盾冲突，这时就无物挡住自己，于是真能够“忏悔”“自新”，开拓新生命了。

在新生命开辟出来的时候，他与从前不同的是在什么地方呢？即是从前这个也贪，那个也爱，小的舒服，小的便宜，以及物质享受。这样的私欲私意多，心动的地方太多，没有走上一条大道，因此心才这儿跑，那儿跑，鬼鬼祟祟的乱窜乱穿。在“自新”的时候，就是回头一看，看清了许多都是机械、可怜、糟糕、要不得！把好恶的心，真的好恶的心透露出来，觉察出从前的杂杂碎碎，真是臭的，所谓“如恶恶臭”。由恶才能知其臭，才能看不上，才能够舍弃。如果真的对于这个东西恶，知道往好处去用力，生机就能够透露出来，仿佛鼻子闻出臭香来一样。闻出臭香来，就是鼻子的聪明。这样知道臭香，他才能“自新”。孟子很发挥指点这恶绝的意思，“毋为其所不为，毋欲其所不欲，如此而已矣”。这话说的实在到家。人原来分得出来是非——因人都有不偷东西的心思，不要做的就不做，这就是“义”；人都有不忍害人的心思，在此扩充，就是“仁”。都是指点在亲切的地方去“自觉”。好恶让他明显，让他有力量。

各个同学赶快反省吧！自己从前所犯的种种毛病赶快检点一下吧！不要说我没有较重大被人知道的事情，就是自己夸张、好出风头的心，都是要不得。这种心不死不行！此心不死，不能做乡村工作，即使旁的毛病没有。可是懒散不振也不行！这种懒散不振，就是机械性、不由自主的下贱性，是从内心的矛盾冲突来。自己虽然也有要强心，但是自己和自己一打起架来，就憧憧无凭，把不住舵，很容易懒散；懒散是不行的！我们做乡村工作，必须把大毛病小毛病都要杜塞，发挥真正的生命力量，很顺的发挥生命的力量，对自己有办法，自己先不成问题，这样下去做乡村工作才有办法。

然而如何杜绝毛病的流露呢？只有“忏悔”，只有“自新”，在“忏悔”中是一面深深的痛责，一面也要同情人类原来就是这么一回事，不要怪他。能在这里用力，气才壮，志才坚；所有过去的毛病，不拖他，不带他，务期崭然一新，如用过的纸张一样，毅然把他烧掉，另立日记本，重新开头；非如此不可。

我所说的话大概是这样。须大家在清静无人时，自己反省，鉴察过去；把从前不对的地方，深自“忏悔”掉泪，抛开过去。不“忏悔”，不抛开，不打主意，是不行的！越是自己要强的，越应要求解决这个问题。自己的问题，自己知道的最亲切；也就是说自己的问题，必须自己知道去解决，才能够下去作乡村工作。

智慧的要点是冷静 *

人们不感觉问题，是麻痹；然为问题所刺激，辄耐不住，亦不行。要将问题放在意识深处，而游心于远，从容以察事理。

智慧的优长或贫乏，待看他真冷静与否。

人类顶大的长处是智慧；但什么是智慧呢？智慧有一个要点，就是要冷静。譬如：正在计算数目，思索道理的时候，如果心里气恼，或喜乐、或悲伤，必致错误或简直不能进行。这是大家都明白的事。却是一般人对于解决社会问题，偏不明此理。他们总是为感情所蔽，而不能静心体察事理，从事理中寻出解决的办法。像是军阀问题，麻木不仁者不去关心；去想这问题的人，便不胜其憎恶排斥之情，不复能分析研究

* 本文选自《朝话》，见《梁漱溟全集》第 2 卷，山东人民出版社 1990 年版。

其所从来。那么，想出的办法，就不外是打倒军阀之类了。又如要求国家统一的人，不能分析研究中国陷于不统一的由来，总是急切地要求统一，那么就以武力来统一了。然而打倒军阀者，试问可曾打倒没有呢？以武力求统一者，试问统一了没有呢？

我想说一个猴子的故事给大家听。在汤姆孙[①]科学大纲上叙说一个科学家研究动物心理，养着几只猴子作实验。以一个高的玻璃瓶，拔去木塞，放两粒花生米进去。花生米自然落到瓶底，从玻璃外面可以看见，递给猴子。猴子接过，乱摇许久，偶然摇出花生米来，才得取食。此科学家又放进花生米如前，而指教他只须将瓶子一倒转，花生米立刻出来。但是猴子总不理会他的指教，每次总是乱摇，很费力气而不能必得。此时要研究猴子何以不能领受人的指教呢？没有旁的，只为他两眼看见花生米，一心急切求食，就再无余暇来理解与学习了。要学习，必须他两眼不去看花生米，而移其视线来看人的手势与瓶子的倒转，才行。要移转视线，必须他平下心去，不为食欲冲动所蔽，才行。然而他竟不会也。猴子智慧的贫乏，就在此等处。

人们不感觉问题，是麻痹；然为问题所刺激，辄耐不住，亦不行。要将问题放在意识深处，而游心于远，从容以察事理。天下事必能了解他，才能控制他。情急之人何以异于猴子耶？

还要注意：人的心思，每易从其要求之所指而思索办法；观察事理，亦顺着这一条线而观察。于是事理也，办法也，随着主观都有了。其实只是自欺，只是一种自圆其说。智慧的优长或贫乏，待看他真冷静与否。

① 汤姆孙（Thomson，1861—1993），今通译为汤姆逊，亦译作汤姆生，英国科普作家。

没有勇气不行*

智也，勇也，都不外其生命之伟大高强处。

无论什么事，你总要看他是可能的，不是不可能的。无论若何艰难巨大的工程，你总要“气吞事”，而不要被事慑着你。

没有智慧不行，没有勇气也不行。我不敢说有智慧的人一定有勇气；但短于智慧的人，大约也没有勇气，或者其勇气亦是不足取的。怎样是有勇气？不为外面威力所慑，视任何强大势力若无物，担荷若何艰巨工作而无所怯。譬如：军阀问题，有的人激于义愤要打倒他；但同时更有许多人看成是无可奈何的局面，只有迁就他，只有随顺而利用他，自觉我们无拳无勇的人，对他有什么办法呢？此即没勇气。没勇气的

* 本文选自《朝话》，见《梁漱溟全集》第 2 卷，山东人民出版社 1990 年版。

人，容易看重既成的局面，往往把既成的局面看成是一不可改的。说到这里，我们不得不佩服孙中山先生，他真是一个有大勇的人。他以一个匹夫，竟然想推翻二百多年大清帝国的统治。没有疯狂似的野心巨胆，是不能作此想的。然而没有智慧，则此想亦不能发生。他何以不为强大无比的清朝所慑服呢？他并非不知其强大；但同时他知此原非定局，而是可以变的。他何以不自看渺小？他晓得是可以增长起来的。这便是他的智慧。有此观察理解，则其勇气更大。而正唯其有勇气，心思乃益活泼敏妙。智也，勇也，都不外其生命之伟大高强处，原是一回事而非二。反之，一般人气慑，则思呆也。所以说没有勇气不行。无论什么事，你总要看他是可能的，不是不可能的。无论若何艰难巨大的工程，你总要“气吞事”，而不要被事慑着你。

真理与错误 *

错就是偏，种种的偏都集合起来，容纳起来，就是真理。容纳各种派，也就超越了各种偏，他才得有各种偏。最后的真理就是存在这里。

对旁人人格总不怀疑，对自己知识见解总觉得不够，人类彼此才可以打通一切。这态度是根本的。顶要紧的是彻始彻终不怀疑人家心术，彻底的觉得自己的知识见解不够。彻始彻终追求下去，才能了解各派；了解各派到什么程度，才可以超越各派到什么程度，最后的真理获得是可能的。只怕你自满，只怕你不去追求。

真理同错误，似乎极远，却又极近。任何错误都有对，任何不对都

* 本文选自《朝话》，见《梁漱溟全集》第 2 卷，山东人民出版社 1990 年版。

含有真理；他是错，已经与对有关系，他只是错过了对。怎样的错，总还有一点对；没有一丝一毫的对，根本没有这回事。任何错误意见都含有对；较大的真理是错误很少，最后的真理是错误的综合。错就是偏，种种的偏都集合起来，容纳起来，就是真理。容纳各种派，也就超越了各种偏，他才得有各种偏。最后的真理就是存在这里。

我说每种学说都有他的偏处，并不是说没有最后的结论。凡学问家都是搜集各种偏，而人类心理都是要求统一。不断地要求统一。最后必可做到统一。最有学问的人，就是最能了解错误来源的人；有最高见解的人，是能包括种种见解的人。人类心理有各种的情，常常表现在各种的偏上，好恶可以大相反。可是聪明一点的人，生命力强感情丰富的人，他能了解各种偏的来源，而能把种种的偏都包含进去，所以他就能超。圣人能把各种心理都容进来，他都有，所以他是最能了解一切的人而通天下之情。所以说真理是通天下之见，是一切对或一切错误的总汇。孟子说："圣人先得我心之所同然。"（孟子所谓同然有所指，姑为借用。）圣人对人都有同然；性情很好的人，圣人与他有同然；即性情极怪的人，圣人也与他有同然。圣人完全了解他，所以同然。圣人与天下人无所不同然。最有高明见识的人，才是最能得真理的人；他对于各种意见都同意，各种错误都能了解。

深叹心不胜习 *

平淡是除病的万应药（仿佛松开绞索一样）。“道不用修”，但莫染污。

习染是迷妄虚幻不实的，你当下能空得了，就空了它。

深叹心不胜习，只有悲悯自己以及众生，无可高慢。凡高慢者皆在习中，正可怜悯耳。又悟心不胜习者，正由于心之未得认识，故珍之好之无由，颠来倒去乃无非习矣！可叹！

自念我有悲愿是真的。首先对自己习深障重业力缠缚之苦与夫眼见众生业苦有悲心，从而有愿心，愿以所晓者晓人。东方古人之所明不为今人所晓，有能以晓之者今日非我乎？

---

* 本文写作时间大约在 20 世纪 70 年代，见《梁漱溟全集》第 7 卷，山东人民出版社 1993 年版。

深叹自己心小之习气超脱不出，然又悟对此习气不宜落于憎恨斗争中，当静观之，以超乎其上；此固非我本心也。

念功夫当从大悲心及平等观得之入。凡习气发作时即运悲心以观照之。般若观空即是平等观。平等即不拣择，不起憎爱意，而后本有真心得以显现也。远离有所得心即远离颠倒梦想。

缺乏恭敬心即是有所利用心。缺乏信心即是狐疑心。但习气毕竟虚妄无自性。观其虚妄是要的，但若有期待其减除即是利心。我无往而非利心；哀哉！

正念无力，闲杂念乃纷纷矣！然正念所以无力则悲愿不足故也。**悲愿是一切之本**。

众生为无始业力习气所缠缚笼罩出不来。然此种缚罩又虚妄非实（由于自己的迷妄）。解缚之道只有一味平淡，减业减习而不憎，耐烦有恒而不用力，精进而不着急，平淡而不玩忽。从这一条隙缝（平淡）慢慢放松开它。其他均不免适以增之也。

平淡是除病的万应药（仿佛松开绞索一样）。

“道不用修”，但莫染污。修的问题之所以发生是在习染上。习染是迷妄虚幻不实的，你当下能空得了，就空了它。当下若未能空，那么，它虽虚幻而你此时却未免作实了它。只有慢慢从自己所作实的虚幻圈套里脱离出来。这就有修道之说了。

谈学问 *

学问就是能将眼前的道理、材料，系统化、深刻化。更扼要的说，就是“学问贵能得要”，能“得要”才算学问。

一说到学问，普通人总以为知道很多，处处显得很渊博，才算学问。其实就是渊博也不算学问。什么才是学问？学问就是能将眼前的道理、材料，系统化、深刻化。更扼要的说，就是“学问贵能得要”，能“得要”才算学问。如何才是得要？就是在自己这一方面能从许多东西中简而约之成为几个简单的要点，甚或只成功几个名词，就已够了。一切的学问家都是如此，在他口若不说时，心中只有一个或几个简单的意思；将这一个或几个意思变化起来，就让人家看着觉得无穷无尽。所以

---

* 本文选自《朝话》，见《梁漱溟全集》第 2 卷，山东人民出版社 1990 年版。

在有学问的人，没有觉得学问是复杂的，在他身上也没有觉得有什么，很轻松，真是虚如无物。如果一个人觉得他身上背了很多学问的样子，则这个人必非学问家。学问家以能得要，故觉轻松、爽适、简单。和人家讲学问亦不往难处讲，只是平常的讲，而能讲之不尽，让人家看来很多。如果不能得要，将所有的东西记下来，则你必定觉得负担很重，很为累赘，不能随意运用。所以说学问贵能得要。得要就是心得、自得！

再则学问也是我们对宇宙形形色色材料的吸收、消化。吸收不多是不行，消化不了更不行。在学问里面你要能自己进得去而又出得来，这就是有活的生命，而不被书本知识所压倒。若被书本知识所压倒，则所消化太少，自得太少。在佛家禅宗的书里面，叙述一个故事，讲一个大师对许多和尚说：“你们虽有一车兵器而不能用，老僧虽只寸铁，便能杀人。”这寸铁是他自己的，所以有用；别人虽然眼前摆着许多兵器，但与自己无关，运用不来；这就是在乎一自得，一不自得也。问题来了，能认识，能判断，能抓住问题的中心所在，这就是有用，就是有学问；问题来了，茫然的不能认识问题的诀窍，不能判断，不能解决，这就是无学问。

求学与不老*

中国古人的学问，正是一种求能了解自己且对自己有办法的学问；与西洋学问在求了解外界而对外界有办法者，其方向正好不同。

“不学便老而衰”。学是让人生命力高强活泼……

我常说一个人一生都有他的英雄时代，此即吾人的青年期。因青年比较有勇气，喜奔赴理想，天真未失，冲动颇强，煞是可爱也。然此不过以血气方盛，故暂得如此。及其血气渐衰，世故日深，惯于作伪，习于奸巧，则无复足取而大可哀已！往往青年时不大见锐气的，到后来亦不大变；愈是青年见英锐豪侠气的，到老来愈变化得利害，前后可判若

* 本文选自《朝话》，见《梁漱溟全集》第2卷，山东人民出版社1990年版。

两人。我眼中所见的许多革命家都是如此。

然则，吾人如何方能常保其可爱者而不落于可哀耶？此为可能否耶？依我说，是可能的。我们知道，每一生物，几乎是一副能自动转的机器。但按人类生命之本质言，他是能超过于此一步的“机械性”；因人有自觉，有反省，能了解自己——其他生物则不能。血气之勇的所以不可靠，正因其是机械的；这里的所谓机械，即指血气而言。说人能超机械，即谓其能超血气。所以人的神明意志不随血气之衰而衰，原有可能的——那就在增进自觉，增进对自己的了解上求之。

中国古人的学问，正是一种求能了解自己且对自己有办法的学问；与西洋学问在求了解外界而对外界有办法者，其方向正好不同。程明道先生常说“不学便老而衰”。他这里之所谓学，很明白的是让人生命力高强活泼，让人在生活上能随时去真正了解自己；如此，人自己就有意志，亦就有办法。如果想免掉“初意不错，越做越错，青年时还不错，越老越衰越错”，就得留意于此，就得求学。近几十年来的青年，的确是有许多好的；只因不知在这种学问上体会、用工夫，以致卒不能保持其可爱的精神，而不免落于可哀也。惜哉！

谈习气*

最让人精神不振者，就是习气。凡自己心里不通畅，都是自找，而非由于外铄。心小气狭都是习气，也就是在里边有私意。人人都有要好的心；但终难有好的趋向者，就是因为习气的不易改。

我常说“一切罪恶过错皆由懈惰中来”，实是如此。精神不振，真是最不［得］了的事。最让人精神不振者，就是习气。凡自己心里不通畅，都是自找，而非由于外铄。心小气狭都是习气，也就是在里边有私意。人人都有要好的心；但终难有好的趋向者，就是因为习气的不易改。要想祛除习气，必须各人的生命力，能超拔于习气之上才行。

各人的习气不同，应时常反省，去求了解自己的习气。大概人类任

* 本文选自《朝话》，见《梁漱溟全集》第 2 卷，山东人民出版社 1990 年版。

何学问，都可以帮助人——让人的生命强大。苟能常于自身深加体验；更能于多方面留心，求其了解；则个人身心自然通畅，力量自然强大，习气自然祛除。自己老是缠住自己，挡住自己，这就是懈惰，最容易弱损自己的生命力。

谈规矩 *

老规矩有很多自很久以前传下来，现在已失去其意义，成为不必要，然后人还在那里无意义地奉行着。中国此刻正在大的剧烈的变化之中，一切老规矩很难得以维持。

前天在火车上，同一位朋友谈到济南齐鲁大学医院的一位外国大夫，他检查病人，执行他的职责，格外周匝到家，凡事都是按照规矩去做。而中国学生跟他学习的，遇着不在他监督之下的时候，就不肯按照规矩去做，凡事似乎可省事的就省了。大概规矩就是一种老例，也可叫做老规矩。老规矩有很多自很久以前传下来，现在已失去其意义，成为不必要，然后人还在那里无意义地奉行着。可是，有许多老规矩在后来

---

* 本文选自《朝话》，见《梁漱溟全集》第2卷，山东人民出版社1990年版。

虽不大感觉其意义而仍归有其意义者，这样情形也很多。当然我不敢肯定说一切老规矩至今都仍是有意义的；现在且单就有意义的一方面来发挥。

所谓老规矩大半都是有意义的那个意思，就是：这样做法既成为一种规矩，在当初一定曾经被人重视过；重视就必定有点道理。当初总是大家都觉得于事实有帮助，才教人学习循守，然后才能普遍地传之久远。大概天才不够或精神不十分充裕的人，所谓普通人，老规矩可以帮助他，使他所做的事情能够大体做得不错，可以够分数。老规矩就是这样的一个东西。但真有天才或精神充裕的人，却不一定要按老规矩作，非如普通一般人非按规矩走不可。大概在不同的社会、不同的技术里面，先后相传，于是各行各业就定了许多不同的规矩；一切规矩的由来，都可作如是观。

中国此刻正在大的剧烈的变化之中，一切老规矩很难得以维持。人的脾气原容易自由任性，自己乱出主意，这也是让现在一切事情常常见出一种很糟糕、很不成样、很笑话的现象的原因。现在的西洋人与日本人，其文化当然亦皆在转变中，但没有如中国这样的大崩溃。因此，中国人倒只有从外国学来的习惯规矩还能保留而使用。比如济南的医院——齐鲁医院较好，因为它是外国教会中人办的，他们做事有他们相传的规矩，大体上都还能过得去。

听说英国人最重习惯、最守旧，可是英国政治社会各方面常常能够很像样，不致很糟糕，恐怕也是从此处来的。日本人也有许多规矩，一直到现在还是不随便苟且。我听一位朋友说，中国人穿衣服以及建筑，常见中外杂乱糅合的现象。此在日本则不然。他们常是西式就是西式，日本式就是日本式。阔人们常常是有两所房子，一座西洋式、一座日本式，但不使之合到一起。进到这一所房子里是一套生活，进入那一所房子里另是一套生活。吃饭穿衣皆如此。这话如果是实在话，那倒是很可注意的一件有意思的事情。

谈合作 *

大家必须记住："合作的根本，即在情谊相通；情谊相通，必彼此互以对方为重；唯有情谊才可促进人类的好生活。"将这话牢牢记住，小心提防。

普通之所谓合作，大概都是指着在经济上的事情，这是狭义的合作。这话不必说。现在说广义的合作。

有一位朋友说："小合作有小成就，大合作有大成就，不合作就毫无成就。"此意甚的。这不独是说到经济方面，即是说到了人生的道理、社会的道理，亦无一不是这样。大概从现在往前去——往将来去，人类的社会关系，将慢慢地越来越复杂，大家都必须在相互关系中而生活；

* 本文选自《朝话》，见《梁漱溟全集》第 2 卷，山东人民出版社 1990 年版。

你想自顾自，与人分离而能独立生活，实在没有这回事。在事实上催逼着你非趋向于合作不可。若是各顾自己，则不唯自己不能生活，而社会的整个关系，都将不能维持。所以必须在合作的根本上注意一下。

怎样才能合作呢？在这里有一句顶要紧的话是“气要稳，心要通”。怎样才能把气稳得住？就是要注意当下，在眼前问题上、事情上下工夫；不能这样就是气不稳。如听我讲演，眼向外看就是气不能稳。再说心通，不独自己要通，尤要与人家的心相通；不与人家的心相通，则无由合作。气稳才能作，“作”字有了；心通——情谊通，这就是“合”字有了。

“心通——情谊相通”。这句话，说容易很容易，说不容易也很不容易。别看两人在一起做事情，表面固然没有什么，但如果都是勉强对付，这样，事情就绝对不能做得好。所以情谊相通，为合作之根本。

但情谊又如何相通呢？这话不能从片面着想，必须从两方面来说：一面是自己，一面是人家。在自己一面必须常体会对方的心理、意思、情形才行。彼此必须互以对方为重，不容专替自己方面着想。如果你老是为自己打算，为自己着想，将人家的心理、意思，都放置而不顾，这个绝对不行。所以你必须先替人家着想。能替人家着想，就没有不通。通就能做，做更能通，越做越通，大家心情都顺了，就一切事没有不能做的。情谊不通的结果，就是彼此互相顶着闹别扭，你干他不干，他不干你也许更不干，这样就会越弄越糟。

以上这个道理，不独居家过日子是如此，师生之间是如此，政府中人是如此，整个社会中人又何莫不然？人生是到处离不开人，到处必须与人相关系在一起生活过日子。既在一起生活，就应该“共谋一种好的生活”。所以大家必须记住：“合作的根本，即在情谊相通；情谊相通，必彼此互以对方为重；唯有情谊才可促进人类的好生活。”将这话牢牢记住，小心提防。此道理虽甚粗浅，然实为到处有用而终生讲求不尽的道理。情谊相通真是谈何容易啊！

谈罪恶 *

罗素以为：罪恶是人的生命冲动得不到正当的出路而使然，有如水流受了妨碍，则激越而横流。此意与我意相合。

消灭罪恶的根本办法是将整个社会制度改造。

一切罪恶，都不在个人，而在社会。其故有二：

（一）武力统治者不以理性待人；

（二）财产私有，生存竞争，人民生活，在社会中没有整个的安排。

此两原因，实为一切罪恶之总因。罗素以为：罪恶是人的生命冲动得不到正当的出路而使然，有如水流受了妨碍，则激越而横流。此意与我意相合。武力是直接妨碍生命之流，不合理的经济制度是间接妨碍生

* 本文选自《朝话》，见《梁漱溟全集》第 2 卷，山东人民出版社 1990 年版。

命之流的。现在社会一切都是不对，到处都是罪恶，大家应当发愿，“监狱是人类的病态”！应该将其摒弃于社会之外。改良监狱固是必要，但并非根本办法。根本办法应当将整个社会制度改造，形成一个完全是教育的环境，使一切罪恶消灭于无形。

谈用人*

在我经验上，觉得用人有一个原则可资信守的，即“人要试而后用”。从一般的名誉，或朋友的特殊保举，或从自己的一时的眼光看到，而未加以试用的，都不可轻易拿一种责任付托给他。

作番事业，第一困难问题在用人。我常自觉于此很缺短。盖人的安排最难，因人各有其一副性格脾气，各有其才分能力，很难将其长短都看得清楚。我很了解自己是最不会对人作个别的认识的。我对人容易是概括的、分类的，通于一般的看法，但认识人必须要靠亲切地直觉才行，不能专靠推论的。概括的、分类的，就不是直觉，而仅是一种理智的推断。我平常容易看人家好；看见他一点好处，而忘了其他一切短

* 本文选自《朝话》，见《梁漱溟全集》第 2 卷，山东人民出版社 1990 年版。

处。我这种心理，固算一种好处，但从其不能认识人来说，也正是一种短处。

再则，我对事情来了，平常很难有明快判断。明快的判断，多是直觉的而非理智的。理智是事情来了，往复推想，将这事情放在某一类型中而有所判别，其犹疑性最大。直觉是当下明澈事物的特殊性而立下判断，常能认定不疑。因此，我常觉自己不能做事。

我不能做事而事情责任偏落在我身上，也就只得勉强去做。于此，在我经验上，觉得用人有一个原则可资信守的，即“人要试而后用”。从一般的名誉，或朋友的特殊保举，或从自己的一时的眼光看到，而未加以试用的，都不可轻易拿一种责任付托给他；无大责任的事情不要紧，凡独当一面的责任，一定要试而后用。试一次不见有把握；但不试则更不妥当。这是我多年经过失败而得到的教训。大概人一定都有其长处，亦即有其用处，端在安排得恰当与否。所以对于用人，头一次总难安排得当，必须试而后用；同时要于平素细心考察。

我们应有的心胸态度*

人当初的动机都是好的，我们在这时切不可把人家看得都不好，把自己看得都太好；应当深切认识人都是差不多的——人情大抵不相远。我们都应当有这样的心胸态度。

社会上一般人，有的以共产党为洪水猛兽，有的以军阀为贪鄙糊涂，其实这都是因为隔膜的缘故。人与人之间，都相差不多，距离是很近的；如果有距离，只是到末流时才大，开头是很小的。社会间的人，需要彼此了解；否则彼此隔阂，将会增加社会的不安，是社会扰乱冲突的主要因素。

再则此人作军阀，彼人作共产党，其责任均不在他自己。过分责备

---

* 本文选自《朝话》，见《梁漱溟全集》第2卷，山东人民出版社1990年版。

与过分看着这一个人，同样是很错误的事。我们应当看重社会关系与其历史的演变。个人在社会中的分量真是太小了，社会环境之力真是太大啊！昔时有人批评曹孟德为“治世之能臣，乱世之奸雄”；为能臣，为奸雄，其权不在于他自己，而在于治世乱世的社会环境，在此种社会中则如此，在彼种社会中则又将如彼，这真是最确实的话。因此，我们所要做的工夫，要紧的就在转移社会之大势，把每一个人放在一个合适的场合中，使他们得以尽量发展其天才，各得其所用。我的用心与认识就是如此。乡村建设运动，必能如此转移社会大势，才有其意义。

至如何转移社会大势，我在《乡村建设理论》中都曾述及，现在不再细说。但都必须先认清中国社会的形势才好讲。中国社会的形势与其他社会的形势是颇相反的。尤其是在想藉着这形势来解决社会问题的时候，更将走入不同的路径。照一般的例说，每一个国度内，都有几种样、几部分、几方面不同的势力，在他们彼此间，一面是相互依存，一面又是互相矛盾，如果互相依存的一面多有发挥的可能时，那么，这社会就平顺地向上进步；如果进步到满了那可能的限度时，则其矛盾的一面就严重化、尖锐化，而免不了要爆发革命。所有其政治构造都是依于此形势而建立；所有其社会内各样的政治运动，亦无非本着其为某种样、某部分、某方面势力的背景和立场而向前竞争或斗争。在竞争斗争中，也有走调和联合路的，但没有单纯走调和联合路的；因为其间常有不可避免的矛盾冲突，而无法言调和联合。中国今日恰是落到一个散而且乱的情形，其社会内部没有清楚的分野，一切人的背景立场可以说都不同，又都差不多，其间的矛盾都不重大、不坚强；因此几乎无法形成一种政治构造。但只有一条路可走，那就是尽着力量抛开各自特殊的背景、立场，而单纯地求调和、联合，以谋其社会内部的调整统一，以应付国际环境。

我深刻相信：人当初的动机都是好的，没有谁安心去害人。不单共产党当初动意原无不善，就是军阀也未尝不想要好。我们在这时切不可把人家看得都不好，把自己看得都太好；应当深切认识人都是差不多的——人情大抵不相远。把自己的心先空洞起来，打破一切成见，去掉一切隔膜，彼此才可以求了解，才可以沟通一切而联合一切，才可以转移社会关系，才可以挽救这垂危的民族！唯有这条道路可以走。现在所要的是要合不要分，要通不要隔。谁能联合一切，打通一切，谁就是能转移社会关系而让民族复活的。民族的生命就维系在这一点上。所以，我们都应当有这样的心胸态度，并以此相信、相谅、相勉！

对异己者的态度*

人生本来始终脱不开与人互相交涉的。和人打交涉，相关系，有一个根本点，就是：必须把根本不相信人的态度去掉。不信任人的路，是越走越窄，是死路；只有从信任人的路上去走，才可开出真正的关系和事业的前途来。

对方即与我方向不同的人，与我主张不同的人，我们都要原谅他。并要承认对方之心理也是好的，不应作刻薄的推测。同时，在自己的知识见解上要存疑，怕也不必都对。我觉得每个人对自己之知识见解，常感觉自己不够，见闻有限。自觉知识见解低过一般人，旁人都像比我强。这种态度，最能够补救各种不同方向（派别）的彼此冲突之弊而互

* 本文选自《朝话》，见《梁漱溟全集》第 2 卷，山东人民出版社 1990 年版。

相取益。冲突之所由起，即在彼此都自以为是。如此，则我不容你，你又妨碍我，彼此牵掣牴牾，互相折毁，无非是各人对自己之知识见解自信得太过，对对方人之心理有过于刻薄的看法，而有根本否认对方人的意思。此种态度，为最不能商量的态度。看不起对方人，根本自是，就不能商量，落于彼此相毁，于是大局就不能不受影响了。故彼此都应在心术上有所承认，在人格上有所承认，只是彼此所见尚须商量，然后才可取得对方之益，达于多分对的地步。我每叹息三十年来各党派、各不同运动的人才，都不可菲薄。但他们都有一个最大的缺点。此缺点就是在没有如上面所述的那种态度。对对方不能相信相谅；而且自己又太自信。所以虽是一个人才，结果，毁了别人，也毁了自己。毁在哪里？就毁在态度上。人生本来始终脱不开与人互相交涉的。越往后，人生关系越复杂，越密切；彼此应当互相提挈合作，才是对的。可是和人打交涉，相关系，有一个根本点，就是：必须把根本不相信人的态度去掉。把我们说的意思放在前头，才是彼此相往来的根据；否则就没有往来交涉的余地了。如从不信任的地方对人，就越来越不信任人；转过来从信任人的方面走，就越来越信任人。不信任人的路，是越走越窄，是死路；只有从信任人的路上去走，才可开出真正的关系和事业的前途来。

启发社会的力量 *

我们的运动，就在启发社会的力量；使殆死的散漫的社会，变成活的团聚的社会；从社会没有力量，变成社会有力量。

我们要拿好意待一切人，什么人都是有心作好人的。

我们的运动，就在启发社会的力量；使殆死的散漫的社会，变成活的团聚的社会；从社会没有力量，变成社会有力量。要让社会有力量，须打通地方上有力量的人的心。现在最不了的是大家缺乏公共意识；要社会大家有公共意识，须先在一地方上开出大家的公共意识（从小范围地方自治入手）。

我们要拿好意待一切人，什么人都是有心作好人的。我们要消除

* 本文选自《朝话》，见《梁漱溟全集》第 2 卷，山东人民出版社 1990 年版。

种种险阻；人家和我作对，我不与人作对。只要是肯出力替社会负责的人，我们都尽量帮助他。

我说社会太死，是指私意太深。要想社会不死，诚然很难；非有很大的志愿、勇气、信心，不能把这垂死的人心活起来。人的天性是公的，绝不是一生下就是私的。老拿这种大公无私的心来点醒他们，不管他们是怎样诡诈，终不能毫无所得。

再有一层，便是做事不要有求急效的心，急着要有成绩，反会成绩毫无。人能常常看见他人的长处，而动佩服之心，自己就会常常向长进里去。

择　业*

从自己主观一面出发来决定，看看自己最亲切有力的要求在哪点；由客观上的机缘自然地决定，这也是一个很好的态度。最不好的就是一面在主观上没有强有力的要求，兴趣不清楚，不真切……

关于择业问题，我觉得最好的态度有两个：

（一）从自己主观一面出发来决定，看看自己最亲切有力的要求在哪点；或对于什么最有兴趣。如自己对于社会问题、民族危亡问题之感触甚大，或对自己父母孝养之念甚切，或对家庭朋友的负担不肯推卸……这些地方都算真切的要求。兴趣即是自己所爱好的，方面很多，自己兴趣之所在，即自己才思聪明之所在。这两方面都是属于主观的条件

---

* 本文选自《朝话》，见《梁漱溟全集》第 2 卷，山东人民出版社 1990 年版。

的。从这里来决定自己往前学什么或做什么：学这样或学那样，做这事或做那事。但自己主观上的要求与兴趣虽如是，而周围环境不一定就有机会给你；给你的机会，亦不定合于你的要求、兴趣。这时如果正面主观力量强的话，大概迟早可以打通这个局面。即所谓“有志者，事竟成”。

（二）由客观上的机缘自然地决定，这也是一个很好的态度。把自己的心放得很宽，仿佛无所不可，随外缘机会以尽自己的心力来表现自己。这时自己虽无所择而自然有择。这个态度一点不执著，也是很大方的。

最不好的就是一面在主观上没有强有力的要求，兴趣不清楚，不真切，而自己还有舍不开的一些意见选择，于是在周围环境就有许多合意与不合意的分别。这些分别不能解决——一面不能从主观上去克服他，由不合意的环境达到合意的环境；一面又不能如第二个态度之大方不执着——就容易感觉苦闷。苦闷的来源，即在于心里不单纯，意思复杂。在这里我可以把自己说一下，给大家一个参考。

就我个人说，现在回想起来，觉得从前个性要求或个人意志甚强。最易看出的是中学毕业之后不肯升学，革命之后又想出家。可见自己的要求、兴趣很强，外面是不大顾的。从此处转入哲学的研究，从哲学又转入社会问题之研究与做社会运动；这仿佛是从主观一面出发的多。但这许多年来在实际上我觉得自己态度很宽大，不甚固执，随缘的意思在我心里占很大位置。就我的兴趣来说，现在顶愿做的事，就是给我一个机会，让我将所见到的道理，类乎对社会学的见地与对哲学的见地，能从容地写出来，那在我真觉得是人生唯一快事。但是目前还须要应付许多行政事情，我识人任事似非所长，所以有时会觉得苦。可是我不固执，几乎把我摆在那里就在那里，顺乎自然的推移，我觉得把自己态度放得宽大好一点。“不固执”，“随缘”，多少有一点儒家“俟天命”的意思。我自己每因情有所难却，情有所牵，就顺乎自然地随着走。

我的情形大概如此。同学对个人问题应从主观客观各方面来审量一下，或偏治学，或偏治事，治学治何种学，治事做何种事，来得一决定，向前努力。

新年的感触 *

乐不难，乐之后不苦难。行动之后不悔难。奋勇之后继续难。人活着不难，活着不生厌离之感难。

必须在人生的根本上弄对了，然后才能干什么都对，才能有真乐趣！

元旦早晨所讲“过年的哲学”的意思没有说得好，使人不容易明白，甚或误会我要当真地很痛快地去乐一下，所以现在再将我心里所要说的话说一下。

我历次看到所开的同乐会，都感觉没有一次做得好。大约因为我们平常生活没有对，所以无论在什么上所表露出来的都不好，所以我历次

---

* 本文选自《朝话》，见《梁漱溟全集》第 2 卷，山东人民出版社 1990 年版。

在会场上都感觉不是味道。演剧没有演好，即讲故事说笑话亦没有讲说得好。我差不多在每一次有这种举动之后就留有一种不好受的味道，两三天才能过去。今天起来，这种不好受的味道又呈现心头，现在想起四句话可以帮助明白我的意思。

第一句——“乐不难，乐之后不苦难。”不但在乐之后，即在乐之中间也会感到凄凉。老是灯红酒绿热闹不散，仍然是苦，能于乐之后乐之中没有旁的味道就对了。

第二句——“行动之后无悔难。”就我自己来讲，我的内心生活常常不调和。从哪里见出？从行动多悔见出。从行动多悔中，一面固可见出自己向上心没有麻木，常常自觉——觉得之后便不好过；一面也正可见出没有达到生命的和谐。

第三句——“奋勇之后继续难。”于奋勇之后而能继续，这个奋勇才不是勉强的，而是自然的，得到了生命的自然韵律。但这个在普通人很难能沉着持续。

第四句——“人活着不难，活着不生厌离之感难。”没有厌世之心很难。我自己就是从年纪很小时对人生曾动厌离之感。大概能够在生活中不是太麻木、糊涂、鬼混，而又能不生厌离之感者，这个人生大体就算不错了。反过来说，容易动厌离之感，这就证明其生活未曾弄得妥当，其感情通通没有用得正对。

以上四句话，便是我心中的意思。就像关于演剧一事，在我差不多有一种理想的要求而老不能满足；所以已看过的剧，总觉得是不对，没有一个使我满意的。不满意与未满意不同，未满意的话，意思就很宽松；不满意则是觉得根本不合适。我总觉得剧中的意思太浅，借刻薄人而使人发笑，这很不好。我差不多没有看见过一个合适的剧，可是我并不是根本否认戏剧的价值。仿佛没有一种为我所理想要求的剧本，但我只能要求而不能做。我更觉得这种对白话剧，除了表现一种紧张的情绪和讥讽滑稽的趣味外，似乎不能表现另外更深的东西。话剧太现实，太理智，于发抒表达真情感似乎是不够。我对戏剧文学没有用过心，这不过只是有这种意思感想而已。再则我对某些旧剧看过了之后也很难过，也给心中存留一种不好受的味道。这味道是什么？仿佛觉得这是人类的耻辱似的。所以说“乐”“玩”也不是容易的事。必须在人生的根本上弄对了，然后才能干什么都对，才能有真乐趣！

为人类开辟新历史而奋斗*

人生是要奋斗的，在此不单调不平顺的环境中，更要对困扰而奋斗。

时至现代，是到了一个大剧变期，吾人应为人类开辟一新历史，此实伟事也。

现在不单是中国，即世界其他各国，关于人生问题、社会问题，都是在思想分歧冲突里面。有的主张社会主义，有的主张个人主义，有的主张这个，有的主张那个。尤其关于婚姻问题，变动得厉害，更没有好的解决办法。在现代时期，问题既多，思想又复杂，恰是一个极混乱的

* 这是 20 世纪 30 年代梁漱溟任山东乡村建设研究院研究部主任时在朝会上的一次讲话，见《梁漱溟全集》第 2 卷，山东人民出版社 1990 年版，原标题是《为人类开辟——新历史而奋斗》。

时期。在各地社会都有许多不同派别势力，如在印度有两大势力存在，一为新派，一为旧派，甘地就是代表旧派势力的，但新派势力亦甚大。日本情形亦是如此。青年学生多偏新潮流方面；一般人则多半坠落，社会日露病态，在老年人，则莫不咳声叹气，痛风气之不古，若有不可终日之势。的确，历史演到今日，是一个要改变的时期。改变的前途，方向所指，非有大学问大眼光的人不能看出，一般人只是在迷惑困扰的情形之下过活而已。生当今世，自一面言之，几乎人人无所适从，易陷于苦闷，易落于被牺牲。自另一面言之，实为对人类一个好试验；试验人能否在困扰中站立得稳，能否发挥人之创造力，刺激人之生命，使其活泼而有力量。人生是要奋斗的，在此不单调不平顺的环境中，更要对困扰而奋斗。换言之，在前数十年的中国社会，还有一定而呆板的路子可走；读书人家自幼即专力于攻读，按部就班，一步一步走去，便不会有什么差错。那时问题少，人亦无甚思想，除非大聪明的人，过量的英豪，才能不为当时空气所笼罩，而思有以改造之；然为众人所不理会。时至现代，是到了一个大剧变期，吾人应为人类开辟一新历史，此实伟事也。吾人把这个责任负起来，应欢喜踊跃，以接受此使命，不要畏难，不要退避。

在吾人一生中的青年期 *

青年期是每一个人一生中的英雄时代。

我所说的这象征，亦可简称曰“朝气”。其实这正是生命的本来面目——生命之所以为生命者在此。英雄非他，即生命力特强的人而已。

一个人一生都有他的一个英雄时代，此即指吾人的青年期。盖青年比较有勇气，喜欢理想，天真未失，冲动颇强，煞是可爱也。然此不过以血气方盛，故暂得如此。及其血气渐衰，世故渐深，慵于作为，习于奸巧，则无复足取，而大可哀已！吾人能如何常发挥其可爱者，而不落于可哀乎？

---

* 本文是作者为香港《光明报》的“青年顾问”栏写的一篇短文，发表于 1941 年 9 月 21 日，见《梁漱溟全集》第 6 卷，山东人民出版社 1993 年版。

这是我十几年前手册中自记的一段话，亦就是我的青年观。在北平亦曾为学生讲说过，其后录为《朝话》之一则。现在仍取来，于“青年顾问”中为青年朋友解说一番。

人一生中的青年期，通常是指十二岁至十八岁之一段，其实不妨放长来说，二十岁左右，都可算青年。这一段正是一个人心理方面生理方面发育成长，快到成人的时候，一般科学书中都讲到。我为何独指其为吾人一生中的英雄时代呢？我说“英雄”，盖意谓在一个人生命上有下列象征者：

蕴蓄着许多精力，聪明正寻地方去发挥表现。仿佛他要拿出来给世界的，比较他要向这世界享受讨取的多。他少顾忌，而多兴趣。兴趣所在，冷亦不怕，饿亦不怕，什么危险亦不怕，什么辛苦亦不怕。或者愈惊险，愈艰辛，他愈有味。他恒居于主动，不为外面世界所支配所左右。他富于感情，同情心很强，亦易于激动和冲动。他不一定有理想；但他有理想就要奔赴理想，扭他不转。

这便是英雄，非必要有大功业大表见才是英雄。世界上不论何等大英雄，皆不外由此放大来的。然而吾人一生中之青年期，却正是如此。或者照此缩小一些，而留心看去，凡此象征无不备具。所以我说青年期是每一个人一生中的英雄时代。

我所说的这象征，亦可简称曰“朝气”。其实这正是生命的本来面目——生命之所以为生命者在此。英雄非他，即生命力特强的人而已。而青年期则吾人一生中生命力正强时也。人生是很可怜的，他离不开他的身体。他身体叫他怎样，他就怎样。青年期是血气方新到血气正盛的一段落。于是他便能具此象征。年老而血气衰便不行。尤其是经过人世环境的熏染锻炼，以致世故日深，他便懒于作为，只图享受，真情日薄，趋避愈巧。这时真对他感得无味，甚至面目可憎了——然而你不要憎他；这正是人生的大可哀啊！

自然，有不少二三十岁的人已经贪图享受而懒于作为，同时亦有不少老年人意志依然刚强勤奋。我所说者亦不过大略有此情势而已。有意地指出这种危险的情势，令人早警觉而已。当然，不能一概地说老年人都不行。老前辈们无须误会，而青年朋友却要当心。于是，我就提出了一个问题：一个人怎样便可以常常发挥那可爱的精神，而不落于可哀的地步呢？

这个问题，我今天不作解答，慢慢再谈吧。

青年修养问题 *

修养问题不宜作空泛的理论；即精辟的格言，亦只能一时有用，而嫌不够，最好为亲切的指点讨论。这种指点讨论，在指导的一方面，必须有其彻底的思想，一贯的精神，否则是无益的。

《读者通讯》编者要我写一篇关于青年修养问题的文章。我不喜欢说笼统的话；不喜欢跟随人家说，说了许多自己还莫名其妙的话。因此我倒要追问，什么叫做修养？修养个什么？修养于青年是否必要？我与读者都不要冒充内行。我们无妨假作一外行人，从外面向里来探求。

什么叫修养？修养个什么？我希望读者告诉我！一个技术家或艺术家，在其技术上或艺术上，都有所谓修养的（除了技巧熟练之外，还有

* 本文 1940 年 6 月 1 日发表于《读者通讯》第 3 期，见《梁漱溟全集》第 6 卷，山东人民出版社 1993 年版。

许多相关条件在内）；然而现在我们要谈的青年修养，怕不是这个吧！或者多少有分别吧！我们又看见：基督徒有所谓灵修，道家则有修炼，佛家则有修持。我们要谈的修养问题，就是这些宗教上的修养么？或者是其中之一，其余则不是呢？抑或全不是呢？我想在此点上，也许得到几样不同的答复。

此外，欧美教育界，近年有所谓心理卫生，似与现在谈的修养问题有关；那么，修养是否就是心理卫生呢？也许有人回答我，现在所谈的修养，是指人格修养，心理卫生亦包括在内；至于技术家、艺术家、宗教家的修养，原亦有接近之处，但究非一事——我想这好像是最平正通达的一个答复了。

其实这答复很不够，很粗浅。我们必要问：

（一）何谓人格呢？心理学上有时亦说到人格；就是那个人格么？像那所说的人格，定须经过修养么？又常听说“人格伟大”的话，是否修养了就伟大，不修养就不伟大，从过去许多伟大人物中，能否给我们肯定或否定之证明？

（二）谈修养而自别于宗教修养，究竟其中分别如何？宗教所给予人格的影响似不可否认。我们只能进而探究宗教，认识宗教，而后乃能得解决修养上有关的几大问题。即使最后结论否认宗教亦可，但总不能避开问题不谈；谈人生问题，谈修养问题，而避开宗教不敢谈，将必流于粗疏浅薄。

（三）心理卫生是从科学来的，我们应当接受；但现在谈的修养是否即等于心理卫生？若其内涵超过心理卫生，是否亦有科学根据？我们平日在学校读书，所领会融会的，都是许多科学知识，现在谈修养，至少亦要和平素所讲习者相沟通而不相矛盾。凡此等处，希望有清楚的解答。

我的话暂止于此。我只作问题的提出，暂不从正面发挥主张。我希望青年留心修养问题，莫忽视，以为不必要；同时我更望留心乎修养的青年，对于我上面提出的问题，加以考虑。试各本所见作答，彼此讨论，或向人请教，不可颟顸笼统。

（一）关于修养问题，不宜作空泛的理论；即精辟的格言，亦只能一时有用，而嫌不够，最好为亲切的指点讨论。

（二）这种指点讨论，在指导的一方面，必须有其彻底的思想，一贯的精神，否则是无益的，东指西指，亦许更迷惘。

以上两点，盖不止说给读者，亦正为编者言之。

对于人类女性的认识*

人类的特别处，就在他的聪明智慧。而男子是将他的聪明智慧用在身体以外的各方面——如学问与事功；女子则用在身体本身上——这不只是求身体的健康与美（自然健康与美也包含在内）。

我告诉大家一句话：人类最要紧的一样东西——不但人类，也可以说是一切生物最要紧的一点，这一点是什么呢？就是"知觉痛痒"。普通我们说"有生命"，说"活东西"，活东西之所以为活东西，就是因为他有知觉痛痒；如果没有知觉痛痒，便不能叫做活东西，便不能算是有生命的了。这样说法，好像是很容易明白；但是实在有很多人（不只是

* 本文是作者 1936 年在山东省立十二校师范女生乡村服务训练处的讲话，侯子温据听讲人记录整理而成，曾经作者阅订。见《梁漱溟全集》第 5 卷，山东人民出版社 1992 年版。

现在的人，就是历史上也有很多人是如此）都已离开了他的亲切的知觉痛痒，都已失去了他的亲切的知觉痛痒，都已找不回来他的亲切的知觉痛痒。这实在是因为人类生命中隐藏着一个大的矛盾，所以才有这样的事情。

以上这个话，大家听了也许不容易懂，现在我先从这一面的话来说。一个生物的知觉痛痒的大小高低，也就是显示他生命的大小高低，显示他在生物进化上程度的大小高低。例如人类的知觉痛痒比任何生物都来得高，来得大，来得快，来得强，来得远，来得深，来得厚，来得宽，这就是因为人类的生命，特别高大，他在生物进化上已登峰造极。以此例推，则高等动物比低等动物的知觉痛痒来的高大，低等动物又比植物的知觉痛痒来得高大，这是很容易明白的，毫无疑问的。那么，如此说来，人类最可宝贵的，就是他那高大的知觉痛痒了。翻过来说，一个人的知觉痛痒如果不够，不及人类应有的程度，那他也就不能算是一个人了。

现在再回来讲。所谓人类生命中隐藏着一个大的矛盾。这话是指什么说呢？这就是说：在知觉痛痒高的人类，同时让他也顶容易离开了他的知觉痛痒，顶容易有离开了他的知觉痛痒的机会。换句话说，容易离开知觉痛痒，与知觉痛痒的高大是相因而来的。人类在生物界中，一面他的知觉痛痒比一切生物都高，一面他也顶容易离开了他的知觉痛痒，这就是我所说的人类生命中隐藏着的一个大矛盾——这个话，大家听了或者还不能十分明白，只好以下我再慢慢的解释，现在我且重复的说一句：人类最大的问题，最危险的事情，就是把他的知觉痛痒弄错乱了，弄麻痹了，这是最悲惨，最可怜的，所以大家切不要丧失了自己的亲切的知觉痛痒。

在这里为免除大家的误会，为使大家容易了解，对于“知觉痛痒”一词，还须要更明显的解释一下。这里所说的知觉痛痒，并不是指肉体上的知觉痛痒——如某处受伤破了，或某处被蚊虫咬了一口……种种的痛痒，我们所说的不是指的这些，而是一种隐喻的话，是指超肉体的知觉痛痒说。因为只有低等动物的痛痒，才单限于肉体皮肤上（皮肤上因受某种刺激而起痛痒），人类的知觉痛痒则已高过肉体的，高过皮肤的。我们所说的知觉痛痒，是指感觉问题说。换句话说，那个最亲切的地方，心里最难过、最关心、最注意、最不能放松的那个地方，才是我们所说的知觉痛痒。

亲切的知觉痛痒，是我们人类的根本。我们最好的时候，也就是我们的知觉痛痒最清楚的时候，也就是我们的生命最有力量的时候。但是，可怜呀！很多人的知觉痛痒都不清楚了！都已丧失了！都弄麻痹错乱了！生命都没有力量了！因此他也就不能判断事情，不能办理事情，更不能去发挥他的创造力量。虽然有的时候，从表面上看他好像也很有力量，但那都是假力量——没有亲切的知觉痛痒，不是从亲切的知觉痛痒来的都是假力量。我为什么说这个话呢？这就是因为，在我看，现在关于妇女生活，女子教育，妇女的种种问题，都是不合适的，都是不自然的；在我的感觉中，仿佛都是刺耳刺目刺心的——当然让我刺耳刺目刺心的，不只是妇女问题，现在人类社会上，到处都是让人刺耳刺目刺心的事情；不过，讲到妇女问题，也是让我刺耳刺目刺心的。现在关于妇女问题，有许多主张、理论和办法，在我看来，都是从知觉痛痒的错乱来的，都是我所反对的——我这个反对，好像是不能不反对，因为在我看，那许多主张、理论和办法都是与我的亲切的知觉痛痒不相合的；从我的亲切的知觉痛痒来看，那许多主张、理论和办法，都是让我刺耳刺目刺心的。所以我不能不反对。

我常常看见有一句批评人的话："言不由衷。"我觉得这句话很好；的确，有许多人都是如此。一个人说了一大篇话，都不是他真想说的，都是"言不由衷"的。换句话说，他所说的话，都不是从他那亲切痛痒的地方说出来的。不但说话有"言不由衷"，就是我们的行动、做事，如果不顾到我们的亲切痛痒；离开了亲切的知觉痛痒，也都算是"言不由衷"。翻过来说，我们说话、做事，如果能"言由衷发"，所说的话都是自己心中真正想要说的，一字一句都是从心里发出来的，想什么就说什么，说什么就做什么，说话做事都有根据，有渊源，都是从亲切的知觉痛痒来的；如果能这样说话做事，那么，大概都是对的，有价值的，有力量的，可以让人听了见了点头，可以从你生命力的动（**说话做事都是从亲切的知觉痛痒来，便是生命力的动——原编者注**），也打动了他的心，让他动——这就是通常说的：能感动别人。可是，如果"言不由衷"，那真是冤枉了我们的为人，真是可惜可怜！所以我开头就向大家说：我们不要弄错了我们的知觉痛痒，不要失掉了我们的知觉痛痒，我们要把亲切的知觉痛痒找回来。不然我们如果失掉了亲切的知觉痛痒，那便会成了一个傻子，一个疯子，一个不健全的人，那是最可怜的！

那么，你们每一个人都想一想，你最亲切的知觉痛痒是什么？你最亲切关心的是什么？在你心里最占位置的是什么呢？本来最亲切关心的问题是各不相同的，即一个人所关心的问题，也不一定是固定的；但总有比较关心的事。现在我就是要你们各自想想你最亲切最关心的问题是什么？——这里还要补充一句，我们不是专来找那关心的问题，不是专来找那关心的事情，而是要找那亲切的知觉痛痒。不过，这个亲切的知觉痛痒是不好找的，必须从最关切的问题上来找，好像温书一样，借着所关心的问题，把那亲切的知觉痛痒温回来。

但是，如果要问：我们的知觉痛痒为什么会亡失了呢？为什么会离开了呢？我们的要求为什么会不对了呢？我们的知觉痛痒为什么会错乱了呢？——痛痒是这里，而偏要说是在那里，这是为什么呢？这就是因为前边所说的“人类生命中隐藏着一个大的矛盾”的缘故。前边我们已经把这句话，约略的讲过了，现在再把它来详细的解释解释。所谓“人类生命中隐藏着一个大的矛盾”就是说：一面人类在生物进化上，程度比一切生物都高，他的知觉痛痒比一切生物都来得宽大深厚；而另一面他也顶容易离开了他的知觉痛痒。这就是所说的大矛盾。可是，如果再追问，为什么知觉痛痒的程度宽大了，就顶容易离开呢？这是因为人类的知觉痛痒程度特别高大，范围特别宽广了。则他的变化也特别多；程度高大，范围宽广了之后，它里面便隐藏了一个多方面的可能性，活动不定性。而因为多方面可能，活动不定，所以就顶容易错乱，顶容易离开；错乱的机会，离开的机会，就特别多了。反之，我们看低等动物，倒很保险，决不会离开了他的知觉痛痒。

大家如果留心看我发表过的文章，就可以知道，我曾经说过这么一句话：“人类之所以可贵，就在他具有一副太容易错误的才能。”（见《我们政治上的第一个不通的路——欧洲近代民主政治的路》一文，第十节，第五段）这句话很要紧，如果能明白这句话的意思，就明白了人类；人类最可宝贵的，就在他具有一副太容易错误的才能；从人类往下说，各种生物差不多就都没有什么错误可言了——高等动物还可以说是有错误，而低等动物就没有错误可言；再说到植物，则更无所谓错误了。如草木就是呆板的在那里生长，说不上有什么错误不错误。越到自然，越含有机械性大，也就越没有错误可言。翻过来说，越容易错误的也就越远于机械性。人类之所以特别容易错误，就是因为他的自由活动性特别大。

人类的错误，若细分起来，可为两种：一是知识上的错误，二是感情上的或行动上的错误（普通叫做道德上的错误）。这两种错误是相关的。现在我们举感情上的错误的例来说。譬如从感情上说，我要爱我的弟弟，如果不爱，就算错误。再如父母爱子女，也是从情感来的，从情感上说，父母是应爱子女的，可是有的父母竟不爱他的子女，这便是一种错误。而这种错误，只有人类才会有；其他动物是不会有这种感情上的错误的。例如大狗爱小狗，大鸡爱小鸡，照例是如此，不会错误的。这就是因为他的程度低，根本没有错误的可言；所以我们对于生物，可以从他错误的多少，来判断他程度的高低，人类最容易错误，所以他的程度也最高。这话说来很奇怪，好像是矛盾，其实并不奇怪，本不矛盾；正是因为他的程度高，知觉痛痒比一切生物都来得大，来得宽，有多方面可能，活动不定，所以才容易错误了。而这个最容易错误，也就是人类最可宝贵的了——不过，这里大家不要误会，我们说最容易错误为人类最可宝贵的，意思并不是说错误为可贵，而是说人类有一副最容易错误的才能为可贵，是说他不甘于错误，而要求一个“对”为可贵。那么，我们怎样才能不错，怎样才能求得一个对呢？那就要保持着我们的亲切的知觉痛痒，不要丧失了我们的亲切的知觉痛痒。因为如前边所说，从亲切的知觉痛痒而来的说话做事，大概是不会错误的，是对的。但是，可怜呀！有很多人都已失掉了他的知觉痛痒，都已失掉了他的宝贝，失掉了他的心，失掉了他的精神；以致变成了疯子，变成了傻子，这是多么可怜啊！

知觉痛痒的错乱，说话做事的错误，有的是由个人来的，责任是在自己；而更多是由社会来的，因为大家都错误，也让自己跟着错误，这种错是难由自己负责的。例如中国妇女缠足，为求好看而残害自己的身体，这就是由于知觉痛痒的错乱而来的，这是一种错误，但这种错误，能让妇女个人负责吗？不能，这是社会的责任。妇女缠足，不是妇女个人的错，而是社会的错——这不过是一个很显明的例子，其他错乱的事情还多得很。总之，在我们看来，现在女子的生活，很多是像缠足的例子一样，都离开了她的亲切的知觉痛痒，走入错乱，以致摧残了她的生命，破坏了她的生命，而陷于不正常、不自然，这都是不对的。所以对于现在女子的生活如果让我说我心里的感情，让我以我心里的感情来说话，那么，我将要连着说几个："不对呀！不对呀！不对呀！"——这个意思，还是前边我们说过的，现在关于妇女生活、妇女教育、妇女的一切问题，有许多主张、理论和办法，而这些主张、理论和办法，在我的判断中，都认为是不合适的、不对的，都是使我刺耳刺目刺心的。

如果从我现在的心情来说，对于女子生活，我应当尽我一生的力量去调整它、纠正它，我应当纠正那一切的错误（妇女生活的种种错误）。不过，在我心里还有更大的、更深刻的、更亲切的痛痒——就是整个的社会大改造问题，文化大转变问题，民族自救问题；因为我有这更大的问题，所以我的力量就得向那方面去用，不能单用到这方面（妇女问题）来了。现在我只能把我的意见说给大家，希望有心的人去作，尤其是希望女同胞，希望女同学去努力！

妇女问题，也是社会问题中或说是文化问题中的一个问题，它是跟着社会大改造、文化大转变的问题而来的。"社会大改造、文化大转变"，现在世界各国差不多都要遇到这个问题；人类历史走到现在，差不多是到了一个要大转变的时候。我们中国，现在也正好碰在这个当口上，所以我们也要有社会大改造、文化大转变的问题。而我们的乡村建设运动，就正是完成这个社会改造工作的，所以我们对于社会问题之一的妇女问题，也是我们所考虑的。不过，我对于这个问题的意见，平常没有谈过，现在就把它来给各位谈谈。

我也承认妇女问题是一个问题，在社会上妇女的地位、妇女的生活，有改善的必要。不过，从妇女问题的发生，妇女生活要求改善的风气来得太猛了，因而就有了许多不合适、不妥当的地方。例如一般人常常拿女子与男子作比较，要女子与男子一样，在社会上，女子的地位，女子的生活等，都要与男子相同，我觉得这是错误的，是不对的；这是因为要求太猛而有的疏忽，是缺乏考虑，没有审察而有的错误。

过去历史上的事情不一定都是对的（例如我们现在要求妇女生活改善，正是要反对过去），可是，虽然不一定全对，也有值得我们反省，值得我们参考的地方。我们看了过去历史上的事情，也能帮助我们现在的思想。那么，我们看过去历史上妇女在社会上的地位如何呢？过去妇女在社会上是从来不占重要地位的；从不同的国家，不同的民族，不同的历史来看，大体上都是如此的。妇女在政治上不占重要位置，在军事上不占重要位置，在经济上也不占重要位置（在经济上的生产经营、管理等工作中，女子都不算重要）——不过，这个说法，是说的大体，就世界各国一致的情形来看，大概是如此的。而这里面也不免偶有例外，不免有特殊的例子；因为在不同的社会，不同的民族里面，常常有极端不同的风俗习惯。例如有的社会是女子常在家里，男子常在外边；而有的社会却是男子常在家里，女子常在外边。在后一种社会里，在生产上，男子反不及女子出力多。类似这样的例子，我们可以举出许多。总之，因为人类是有无限变化与可能的动物，所以在不同的文化里，常有极端不同的风俗习惯。但是，这究竟是特殊的例外，就大体上看；女子在社会上多半是不占重要地位，总可以看得出来的。

可是现在或者有人要提出这么一个反面的问题说：“女子所以在政治上、军事上与经济上没有地位，是由于男子的压迫与阻碍。”这是一个很粗浅的问题。在我想，不见得就是这么回事，到处的男子偏能压迫女子，哪有这么巧的事？！她所以在政治上、军事上与经济上没有地位，恐怕是另有缘故，换句话说，她有自身的弱点，才有男子的压迫。就让我们承认男子压迫女子是事实，那么，也必定有它的道理——天地间的事情，只要是存在的，就有它的道理，就有它的来历，都是合乎自然的。不过，有的是不能合乎我们的要求，因为我们的要求是主观的，自然的事实不见得都能与我们的主观要求相合。

从人类在自然中的地位，就可以见出妇女在社会上的地位，现在我们就把人类在自然中所占的地位来分析一下——从人类生命，人类心理来看，把人类在自然中所占的地位分析一下。这个说起来很多，一时说不尽，现在我只能简单的给大家讲讲。大家要知道，人类是唯一能代表宇宙大生命创造不已的精神的，在生物进化上，其他生物都沿途停顿下，盘旋不进了。例如植物进化到植物那个地方，就盘旋不进了；动物中的节足动物，脊椎动物中的鱼类、鸟类、哺乳类、猿猴类等，都是各自进化到它那个地方就停顿下了。生物界中，除了人类以外，都已不能代表宇宙大生命创造不已的精神，都已落到刻板文章中，返来复去，老是那个样，没有变化，没有创造了，只有人类尚能代表宇宙大生命创造不已的精神。前边我们说：“人类有无限的变化与可能”，“人类之所以可贵，就在他具有一副太容易错误的才能”，这两句话很可以供我们参考，很值得我们思索，这都是说明人类是富有创造性的。因为只有人类能代表宇宙大生命创造不已的精神，所以人类就成了宇宙的中心，作了宇宙大自然的主宰。本来在大自然中，一切东西都有变化的可能，不过，变化的可能性大小不同。生物比无生物的变化可能性大，高等生物又比低等生物的变化可能性大，而人类的变化可能性最大，他的力量最大，所以他就成了大自然的主宰。

我们很可以把人的一条生命，看成是一个力量；而男性与女性，恰好是不相同的两个力量——我们若从大自然上，从生物学上来认识女性，就可以知道男性与女性，恰好是不相同的两个力量。这话怎么讲呢？因为就生命来讲，单是一个男性，或单是一个女性，好像都不是一个完全的生命，不是一个完全的人；必须男女合起来，才算是一个人。大家都知道，在生物学上有所谓雌雄同体与雌雄异体之说，在进化较差的生物中，有的是雌雄两性同体的。雌雄异体，两性分开，是个进步，是进步了以后才分的；原来是不分，是一体上见两性的。你如果知道他原来是两性一体，那么，就可以知道他现在分开了，一定都不是完全的。虽然双方都含着另一面——这一面包含有那一面，那一面也包含有这一面；男性包含有女性，女性也包含有男性；但终究是不够，必须男女合起来，才算是整个的完全的人。我们要常常想到这个意思，不要忘记男女原来是一个人而分开了，所以每一面都不是完整的。因为不是完整的，所以也正好是不同的（如果是同的，便是整个的，无须两面合起来才算整个的了），这一面正好是不同于那一面，男性与女性，正好是不相同的两个力量。

我们用阴阳二字，来代表女性与男性的不同，很合适——大家不要觉着阴阳这两个字太旧，其实它的意义并不旧，它只是表示不同的两面。现在学术界谈的最热闹、最有兴趣的，就是这个阴阳不同的问题。现在虽然有的是不用阴阳这两个字，可是他所谈的意义，与从前的意义（阴阳二字所含的意义），仍然是没有两样。我虽然不爱谈学问，可是我知道现在学术界谈得最热闹的，就是这个问题；并且越是在科学发达的地方，对于这个问题研究得越深刻。总之，阴阳二字，正好代表女性与男性的不同。

男性与女性既然是不同，就不应当去求同；如果强要去求同，那便是反乎自然，背乎自然，就是一个主观上的错误。

我也承认妇女问题，在现社会中是一个问题。妇女生活须要改善，妇女须要解放；但怎样改善？解放到哪里去？是很待研究的。

大概在生物界中，每个生物，每个生命，本来都是完全的，囫囵的；可是，如果把他们放在一块儿来比较着看的时候，就可以看出来他们都是各有所偏的——这个偏于这一面，那个偏于那一面，都不是均衡的，圆满的。这仍然是前边我们所说的那个意思——男女不同的意思。男性与女性，也好像动物与植物一样，都各有他不同的偏向。本来在最初的时候，动物与植物是没有分别的，后来进化了，动物与植物才渐渐的分开。再说雌性与雄性之分，也是后来的事情。可是原来虽不分，而在初分的时候，就各自代表一个偏向，向着他那偏的方向去发展了。各自顺着他那偏向去发展，才能够完成他自己；所以我们对于男性与女性这两个不同的力量，不同的发展，不应当强使他相同。本来不同的，而强求着相同，是错误的；把宇宙间本来不同的，硬要他向相同的方向去发展，这是最不合乎客观事实的大错误。

普通有许多心理学家，常常来作男女以及儿童的智力测验、心理测验等，作出许多统计比较，想从这种测验比较里，求得男女智力上心理上的异同。其实这是求不出来什么结果的。这种方法，不是一定不可用，但根本不会有什么重大发现，甚且［会］发生错误的推论。因为前边我们不是说过吗，“每个生物，虽然都是囫囵的，但若比较着来看的时候，则各有所偏，都是一个偏向，都是不同的”。那么，我们如果不看他那个偏，不理会他那个不同，而硬要叫他同，叫他向相同的方向去发挥，去发展，这虽然也是可能的（例如要男子勉强像女子，或要女子勉强像男子也都是可能的），但是错误的，不对的。在生物界中，各种生物，通统是各自代表一个偏向——动物中的某一种某一类，植物中的某一种某一类，通统是各自代表一个偏向。如果能顺着他那个偏向去发挥，去发展，才是进步的，否则便是往退步的路上走，那是不对的，是错误的，是背乎自然的。所以我们要避免那种背乎自然的错误。不但要避免了那种错误，更进一步说，我们既然知道了男性与女性的不同，男性与女性是各有所偏，各自向着他那个不同的偏向去发展才是对的，那么，我们就应当拿自然天赋的可能性——也就是通常所说“才”（包含身心）去圆满的发挥发展，使它没有缺憾。

讲到这里，我想叫大家再回头看我前边所说的话。前边我曾说过：宇宙大生命是最富于创造性的，是创造不已的，是不断的向上翻新的；而在生物界中，只有人类尚能代表宇宙大生命创造不已的精神，所以人类也最富于创造性，不断的向上翻新。又说：人类有无限的变化与可能，人类之所以可贵，就在他具有一副太容易错误的才能，就在他不甘于错误而要求一个对。从他这个不甘于错误而要求一个对，从他有无限的变化与可能，所以他能不断的改良自己，不断的向上翻新，创造不已。那么，在人类中的男性应往哪条路上去创造？女性应往哪条路上去创造呢？换句话说，男性应干什么？女性应干什么呢？这个，天已经给规定好了，安排好了，怎样规定安排的呢？就是：男子是直接的创造，女子是间接的创造。我们也可以这样说，男子的使命是创造，女子的使命则是创造那创造的根本——就是创造人。仿佛在自然的（天的）安排里面，说人（这里所用人字，与普通用法不同，不是指人物之分的人，而是指能代表宇宙大生命创造不已的精神之意思——原编者注）就是指男子说，女子则是人的根本，人的母亲，她不能直接做人的事情，而是做创造人的事情；自然的安排，恰好如此。

人类和其他动物比较，和一切生物比较，其最大的不同是什么呢？就是人类的生命已由身体里解放出来（生命从身体里解放出来多少，也就是他的智慧的多少）。一切生物差不多都被限制于身体，其智慧的役用，都被限于生存问题上，他的才能只能够维持他的生存，不能超过生存问题而另有所创造了。人类则能超过生存问题，他的智慧除了维持生存问题的需要外，尚能不断的创造，不断的向上翻新。

有个生物学家曾经这样说过：人类和其他动物，都好像猴子被铁链拴着，任你怎样跳跃，也不能跳出那铁链一定的限度。而人类恰好像一个有力的猴子，猛然一跳，把铁链扯断了。铁链的长短度，比喻生存问题的范围。人类最初也和其他的猴子一样，待到进化之后，遂扯断了铁链，脱掉了生存问题的束缚，可以任意的跳跃了。他这个话即是以上我们所说的“人类的生命已从身体里解放出来，不受生存问题的限制”之意。总之，人类之所以富于创造性，所以有无限的变化与可能，以及其感情的深厚，脑筋的复杂，一切种种，说不尽的人类的特长，都是从这里来的，都是从这个大解放来的。所以我们说人类和其他动物最大的不同、最大的特点，就在他的生命已从身体里解放出来。

“人类最大的特点，是生命从身体里解放出来”，我们从这句话来看男子、女子与小孩三种人的不同，就可以知道：男子是最能超脱身体的限制；女子是受身体的限制最大，小孩的生命则与他的身体是囫囵一致的。这是三种人不同的地方。那么，所谓女子受身体的限制最大，是指什么说呢？就是说，当女子到了相当的年龄，已不被称为小孩，而被称为女子的时候，她的问题就发生了，问题就来了——这就是说她已经开始有月经了。有月经的开始，就是她受限制于身体的开始。月经这件事情，对于她的影响很大。月经正来时，总有三天的不自在。月经以前以后的好几天，亦都要受影响。在这个时候，她的感情、思考，都受身体变化的影响而亦发生变化。等到有了两性关系，怀了孕之后，更要被困于身体了。一直到生了小孩，乳养小孩，仍然时时要继续受身体的限制。及至妇女不能生养小孩，那也就是一个女性到了生命衰老的时候了，人生不行的时候了。这不是很明显的告诉我们，女性的任务是什么？女性的使命是什么了吗？！而另一方面也就证明女性是不能作直接创造工作的了——因为直接的创造，须要生命能超脱身体的限制，而女子是受限制于身体的，所以她不能作直接的创造，只能作间接的创造；这也就是以上我们所说的：女子不能直接作人的事情，她是作创造人的事情。她的创造，是创造人，创造“创造的根本”。

人类社会到现在，虽然比过去是进步了，可是离人类应有的社会还很远。因为就现在的社会制度来看，尚没有能给每个人一个创造的机会；最显著的就是机械的呆板的来用人的劳力——用人身体的气力。机械的呆板的来用他的气力，是最不能够让他发挥他的创造性的，社会不给人一个各自发挥创造性的机会是不对的。同时男子的创造应走什么方向？女子的创造应走什么方向？更是没有认识清楚，因而就发生了许多可笑的可惨的错误的事情。男女的力量，都没能向正当的方向去发挥，人类的力量没能够尽量的适当的去发展，这都是现在社会的不对。所以我们说：现在的社会，离人类应有的社会尚远得很。

可是，我们知道了过去的不对，而要向对的地方去走，也是很不容易的。关于现在妇女的种种错误（要向不对的方向去发展），也是没有办法的，在妇女解放要求过猛的现在，也是不得不然的。不过，我们既然知道不对了，总要想法子改正，虽然不容易，我们也得去努力。那么，我们怎样去改正？怎样是往对的方向发展呢？那就是以上我们所说的：女子不能负直接创造的责任，她只能作间接的创造，去创造人。所以如果有人问我：“女子唯一的责任就是生育吗？”我将答曰：“是的，对的，女子的责任就是这样！”不过，大家不要把这个问题看得这样简单，以为不用心，不研究，也可以完成这个任务；其实女子要完成这种任务，是很不容易的。女子要完成她这个任务——创造人，必先创造自己，在创造人类后代之前，先要创造自己（因为必须自己好，才能生育好子女，才能真能完成了她的任务）；而创造自己，是很不容易的事情，所以女子要想真能完成她的任务，是很不容易的。

现在总结以上的意思来说：人类的特别处，就在他的聪明智慧。而男子是将他的聪明智慧用在身体以外的各方面——如学问与事功；女子则用在身体本身上——这不只是求身体的健康与美（自然健康与美也包含在内），主要的是发挥她的聪明智慧在她身体上，冀成功一个高等的身体，又优美又聪明又伟大的身体。这是我们理想的女性。不过这与现在社会事实也许离得太远。那么，我就再说两句比较能切近大家的话：（1）要理会女性与男性的不同，不要勉强求同，违反自然。（2）不要离开了自己的那个亲切的知觉痛痒，要找回来自己的那个亲切的知觉痛痒；自己说话作事，都要从亲切的知觉痛痒出发。要真的是从亲切的知觉痛痒而来的要求（真的是要求这样说，要求这样作），那么，你的说话作事，就大致合于女子本性，合于自然了。

人生情趣与家庭 *

要使一个人好，在培养人生的情趣，而培养情趣最好的地方是家庭。家庭是人的用情所发端之处。一个人不能与家人无情而与外人反倒有情。家人间的情趣是情趣间的起头，最能使人快乐。

我在这个题目之下所要表白的意思，多少与东西文化的研究有点关系。东方很重视家庭，并且似乎嫌其太过，西方则比较差。东方人的个性很少一种伸展，个人算是家庭中的一部分；西方则个人独立，所以家庭不甚重要。但是中国人那样个人埋没于家庭之中，甚至连国家都不理会，也是太过。今天所要说明的，就是在文化变迁中，家庭要变到什么样子，虽然尚难断定，但是据我的观察，像中国这样的重视家庭，是很

* 本文是作者在山西第一女子师范学校的讲演，原标题是《吾人的生活与家庭》。见《梁漱溟全集》第 4 卷，山东人民出版社 1991 年版。

合变迁潮流的。因为近世人类生活的变动，从十六、十七世纪开发下来的西方文化，到了现在差不多根本上有一种变迁，而中国这种重家庭是适合这个变迁的。

原来西方从希腊起，即可见其理智的发达。如梭格拉底[1]说的“知识即道德”，即可见其对于理智的重视。从那时起，西方人讲伦理，讲人生的思想史，无不重在理智方面。梭格拉底那些弟子及当初许多思想家都如此。到文艺复兴时代，大陆上还是照旧，英国则更偏功利，以为快乐利害的计较，亦是道德的根本，就是所谓功利主义。但是这个分别计较还是理智，与前还是一贯，其所不同者，即在稍重利害一方面罢了。因为他们思想如此，其生活也确有这种倾向，分别计较的心理很盛。这种理智活动最盛的时候，最宜于个性伸展，因为都带着物我彼此的分别。他们对于自然界持对待反抗的态度，而对人亦然。此即因先认识自己，分别人我，是理智的活动。结果虽然可以克服威权，得到个人的自由，但是到现在西方人已经很感一种苦痛，因为个性伸展到极处而人的生活太机械了。这种现象全欧美都如此，而英国最甚。中国人最尚情感，父母对于子女，子女对于父母，就是兄弟朋友之间，无不是因爱他而忘了自己，很不把自己当一回事，很有无我的倾向。西方很重自我，一切都不退让，虽然因此而得自由，但是人与人间太乏情趣。中国人很重屈己让人，人与人间有一种温和的态度，很有情趣，比西方那样连家人父子之间，都持计较算账的态度好得多！人的生活确是很有待于情趣的培养的。现在西方人那种生活太少趣味，太使人不能忍耐。照我

① 梭格拉底（Socrates, 公元前 469—公元前 399），今通译为苏格拉底，古希腊著名思想家、哲学家、教育家。

的研究，中国文化彻头彻尾是一个直觉的，虽然缺乏个性的伸展，不能发生德谟克拉西，却是富于情趣，是其特色。直觉与情感是异名同实的。

现在讲此刻的变化。西方人学术思想上有根本的变动，是科学的变动。这所谓科学的不同，尤其是指心理学而言。现在的心理学与前大不相同了。从前的心理学以意识为重，完全重视理智一面，而于本能的情志方面很少留意。最近的行为心理学，就留意到情志方面来了，其方法也由分析的变到看其活动之势的了。到此，他们才晓得，人类生活的唯一源泉，是情志而非理智。要一个人好，不在乎使他明白，而在根本使他的情志方面好，就是说有知识不一定有道德，这是西方心理学上最近的一个大翻案。知道增加知识不一定能使人好。他们一面受了理智过量发达的痛苦，一面又觉悟了从前以理智发达为道德基础的观念之错误，根本上就使他们很着急于中国人所没有丢掉的人生情趣。

要使一个人好，在培养人生的情趣，而培养情趣最好的地方是家庭。家庭是人的用情所发端之处。一个人不能与家人无情而与外人反倒有情。家人间的情趣是情趣间的起头，最能使人快乐。时常有情趣，即时常快乐，心理也就常常的好，绝不会发生不好的行为。不好的行为，都发生不愉快的心理。有情趣培养的人，很少有对不住人的行为。我们一面看西方人的新要求，一面即可看见中国的注重家庭，真能使人增加情趣，都是很合潮流的。

孔子没有别的道理，就是很让人着重家庭的情趣。这就是近来爱讲西方化者所不愿听的"孝""悌"两个字。这两个字实在有无穷的妙处，可惜没有人用现代的学理去研究出他的真义。这两个字诚然不能发生个性的伸展，不合于近代的西方化，但是要晓得，假使你留意到西方化目前的变迁之所趋，再能认清这两个字的真义，便不能不承认他们是自然吻合了。

婚姻问题 *

妻子同我这生命是最近的一件事，我们何可认为是偶然的事呢！我们明白自己同父母的关系，不能设想离开父母可有个我；那么亦不能设想妻子是外来的，而只有个我。

总 说

这个问题很不好谈，是个很深的问题，同时所包容的问题亦太多。婚姻制度的对面，就是没有婚姻制度；于是有两条道：

（一）断绝两性关系——独身主义者与宗教家之禁欲主义者，都是属于这一方面。

（二）发生两性关系——甲、承认婚姻制度；乙、反对婚姻制度，

* 本文选自《朝话》，见《梁漱溟全集》第 2 卷，山东人民出版社 1990 年版。

不立夫妇之名，男女自由同居，主张自由恋爱者即其中之一派。

此两条道路，孰是孰非，好难谈说！据我看，两性问题想找清楚头绪而得一着落，现在还非其时。到什么时候才得解决？须在经济问题解决之后。何时才是经济问题的解决？即人类共同对付自然的时候。现阶段的经济制度，不是人合力对付自然，而是人与人间剧烈的生存竞争。彼此的力量，用在对付“人”的上面太多了。现在人类生存还无着落，故不能不衣食是谋。在这时候，想将两性问题摆得出来条理清楚，实不可能；必衣食问题得有公共的解决，腾出空来，没有其他牵扰，这唯一的问题，摆在当前，才看得清楚。今且不妨拿我们的眼光说一点意见。

独身主义与反独身主义者

独身主义在普通眼光看来是不合乎人类生理的。反独身主义者批评说：“一个男人或女人是半个生命，男女两个人合起来，才是一个完整的生命。依生物学进化来说，生物之未进化者为雌雄同体，雌雄异体实为后来事。故惟雌雄相合，才成一完全生命。独身主义在生理上是无其根据的。”在浅表上如此批评，亦自有道理；但往深处去追求，似仍不能如此说。一个人的生命究竟还是完全无所不足的。此意甚深。高明的宗教，其所以持禁欲态度之真根据，即在此。他是有见于生命的完全无所不足而发挥之，在别人谓之禁欲，在他则不看是如此。他之所以反对男女之事，乃是反对自己忘记自己的完全。人在生理上虽然好像不完全，其实不然：每一男性在心理上生理上都有女性；每一女性在心理上生理上亦都有男性；只是都偏一点——都有一点偏胜（也有时在两方面都偏胜不着，形成一个不男不女的人）。宗教家，除少数外，都是禁欲的。不过，未必都能看到这高明深厚处。为顺遂生理之自然要求及为人类传续计，当然以结婚为对吧！

婚姻制度与反对婚姻制度者

反对婚姻制度，而不反对两性同居生活，大约就是主张自由恋爱了。这两方所争的，核实言之，亦只争个结婚形式和离婚手续的有无。虽然在结果上从婚姻制度则两性关系常为固定至终身的，从自由恋爱则两性关系每为忽暂一时的，但不能说二者之分别在长期短期，因为恋爱未尝不可终身，婚姻未尝不可忽解也。故唯结婚形式离婚手续是两方的分别所在。所以婚姻制度的内容可指者，只此结婚形式离婚手续；更简切的说，只在那婚礼。通常都认为婚礼之发生与存在，是为了明白确定其夫妇关系，也就是为了拒绝和防止再随便有其他关系。这话单从社会一面看，也对。然单从社会一面看，容易把婚礼看成工具，看成是减少纠纷最有用的办法。把婚礼看作是工具是方法，则婚礼无疑义是可废除或更换的。如果有比婚礼更可以减少纠纷的有效办法，则婚礼便成为不必要了。

但婚礼之真根据并不在此。依我看：婚礼本身就是一个目的——人就是要求婚礼。当人将要结婚时，几乎真挚的情感，要求有一个郑重的表示；不如是则心不安。仿佛学校开学不行开学礼，未免把这种求学生活看得太不当事了。开学行一个敬谨恳切的开学礼，大家自然郑重起来，以后才不致懈忽下去；一切事都是如此。短一个礼，虽然说不上是缺短了什么，可是缺短很大。结婚为吾人一生大事，更是如此。在男女两方彼此之情愈真实，意味愈深厚，则要求于礼者亦愈切。以后他们的感情亦会因以更加深厚。所以说，婚礼是出于人情自然要求。进一层说，婚礼安排得好，可以启发他们开始正常合理的生活，其有助于他们的后半生生活者綦大。结婚那天的印象于后来很有关系；婚礼没安排好，实为后日不幸的源泉。

多妻与多夫

各地社会风俗不同，因此有一夫多妻，又有一妻多夫等事实。这些事实的产生，似多有其背景来历，非尽由主观观念之异。这些社会背景，我们无暇去讨论。且从人的生理上说，固没有什么行不通，但怕亦各有其不合适者。尤其在人类心理上说，殊无根据。且相反的有拒绝多妻多夫的倾向。这话不是指着嫉妒心理，而是指着记忆问题（其说详后）说的。于此我姑且肯定的说："一妻一夫是真理。"

择　婚

谁来择定配偶，为择婚问题。究竟是父兄给择订呢？抑自己去择订呢？依社会习惯说，大别为二类：

（一）西洋社会自己订——西洋社会构造的基本是个人，在中古时代是个人隶属于宗教，近代则又个人隶属于国家，处处是个人，这很自然的婚姻亦是个人的事了。

（二）中国社会亲长订——中国是伦理社会，是由家庭构成的。家里添一个人与大家都有关系，不过夫妇的关系更切一点而已。订婚结婚，始终是看成家事，不是个人的事，家事得由家长做主（普通反对家长代为做主，乃是不曾明白中国社会事实）。

在我觉得，订婚有两种办法：

（一）家庭与个人兼顾——在个人一方面说，婚姻固为自己的事，同时亦为家庭中事，而且一个人之判别力不够，应征得父母同意。在家庭一方面说，父母应尊重他个人，固然这件事与大家都有关系，但子女自身的关系究竟最亲切最久！

（二）托之师友——亲事本来要由自己选择才亲切，旁人代谋究竟不如自己——但代谋也有相当的理；以自己年轻，选择能力不够，每囿于一时情感，致误终身，尤其女子如此，所以如果能找一最有经验的师友代谋，又何尝不好？在我理想的人生，是以人生向上为第一大事；在这方面，最能帮助我的是师友。故师友的决定，胜于自己决定（非自己不管，是参酌取决于他），因他知我长短，很了解我；也同时胜过于父母的决定，因师友于帮助向上方面是胜过父母。

离　婚

离婚可以吗？在我想原则上是不可离。因为创造是人生本来的意思，伴侣好，固然可以帮助我去创造；夫妇失和，也是对自己向上的鞭策。一定要以人格战胜这失和，而创造出和睦关系。人情要合而不要离，生离死离都不好，轻于离弃是不合人情的。西洋社会，离婚甚属平常。美国离婚率约占半数，似乎还在增加中。我总感觉那样的社会有很大的危险，结果会让人感觉人生的疲倦，失去幸福。

再　婚

丧偶或离婚后，可否再婚？此问题与多夫多妻同。即在生理上或有其理由；而不合于人类心理，其故即在人有记忆。人类心理与其他生物之不同，根本在于记忆。柏格森说：记忆有二种：（1）真记忆，（2）准记忆。真记忆，唯人有之；其他生物间亦有记忆，然只是准记忆而已。因人类有真记忆，故在感情上拒绝与第二异性发生关系；假使发生关系，前者的印象即跃然在目，于当前情景不能自安。此不安很细微，或为一般人所不易觉。

家庭制度

大家庭对呢？小家庭对呢？本来这二者各有其长，亦各有所失。大家庭在情谊上说能很洽和，固然很好，但不容易做得到，并会养成倚赖恶习；小家庭较冷枯，但利于创造。西洋人为小家庭，父子异居，中国则全为大家庭。在我想，父母在以不分居为宜；但父母须注意培养其子女之创造心理。

命

最后有一个意思要说，就是“命”。这个字很难讲。但要知道极开明通达深沉的儒家，命的观念是他全道理的一点。如孔子说的“五十而知天命”,“不知命无以为君子”，谈命的时候很多。何谓命？孟子说:“莫之为而为者天也，莫之致而致者命也。”这两句话很恰当。普通人看事情，觉得事情之凑合，是偶然的。其实没有偶然的事，只是自己识力太短浅，找不清其前后的因果关系而已。本来，生命是浑然而无空间与时间之可分的。但为说话方便计，假定用纵横来说：横是四面八方，是空间；纵是历史，是时间。此处此刻的事情，不知是由多少空间的逗拢与多长时间的推演下来而成的。如我今与大家讲话，不知是经过多少时空的极细密的推移演变。我们在此推演中，不知不觉的推到这里来。大家动一念来投考，此一念似是偶然，其实，这一念之动也是有很久很远的根据在的。人之身体高矮强弱、资质利钝、脾气和暴，都是天赋，其实亦是与外边不能分的。佛家解释生命说：一个人不单有一身体，各人还各有其宇宙；而彼此的宇宙互相联通，大家在我的宇宙中，我亦存于大家的宇宙中。此宇宙佛家谓之依报。正报即其本身。此意是说，身体固为生下来的，而环境也是生下来的。那么，妻子同我这生命是最近的一件事，我们何可认为是偶然的事呢！所以如果把这个大势看清楚，就可知道一切都不是偶然的。一切事绝无胡乱凑合成功的。我们明白自己同父母的关系，不能设想离开父母可有个我；那么亦不能设想妻子是外来的，而只有个我。我不自我，而是连上我的亲眷，我的友人，我的仇敌而为一我；无远无近，亦不论见面不见面，都脉脉相关，息息相通，毫无隔阂。语云："千里姻缘一线牵"，固然不是真有一条线，然而人生正仿佛有无数的线呢！明乎此，就是了解天命。那么，就自然要谨慎小心地来对付（姑用此对付二字）我与我的环境——即我的身体与我的家庭，乃至一切。很小心是怎样呢？即不要失掉天赋我以创造的机会！

人禽之别 *

人禽之别，言其最重要之点，即是人类之心理比其他动物之心理，从本能之中得一个超脱，即是从生物自私之态度上得一个解放。

人类能从本性中解放出来。

儒家似乎把人类看得特别高贵。如“天地之性人为贵”，相传以为孔子之语。即在孟子书中对于人禽之别，亦极力发挥此义。吾人以前甚易视为冲口而出之语，背后未必有若何一定之道理为之根据。其实不然。人禽之别实为儒家心理建筑起来的根本点，儒家的学说即立足于此点之上。至于儒家之思想何以建筑在此点之上，其意义吾人无从而知。

* 本文是作者《人心与人生》一稿的第四章，有删节。见《梁漱溟全集》第 7 卷，山东人民出版社 1993 年版。

若人禽之别，只就吾人观察所得而言之耳。

欲言人心与禽心之不同，应姑言其相同之处。人与动物无别，此是欧洲学术界中甚大之问题而特别发挥此意者，尤其是达尔文之进化论。自达氏学说出世之后，引起宗教家玄学家之争论，而终是进化论战胜。此本是事实，不能否认。人如披衣顶冠，外貌固甚文雅，与其他动物不同；若就裸体而言，则人与动物实无大差异。从解剖学上比较人类与动物之骨骼，其构造大抵相同，只是大小长短偏正之不同而已。再从胎生学上说，比较最初之人胎与兽胎之形状，亦大抵相似。可知人禽之别，并无鸿沟可分。形体与心理不能离开说，此意是始终一致。身体之构造既如此相同，则心理之现象当亦无大差异。故近代心理学之研究，如把人类心理从行为上说、从本能冲动上说，都是从动物心理学启发出来。从心理方面研究时，尤足以证明人类心理与动物心理相同之处甚多。如食欲，如性欲，如喜怒，如争斗，如游戏，甚至如羞耻，如自炫，人类有者兽类亦有之，不过是繁简之不同。再进一步说，古代思想中言道德之心为人类所独有而动物所无，然近来学说则不如此，言动物亦有道德之心。俄国克鲁泡特金在其所著《互助论》上与《无政府主义之道德观》二书中，皆是发挥此意。在《互助论》中，克氏特来解决自有进化论来之难题。此难题即是天演作用有所不及。物竞天择此本是天演作用，而人类社会中对于病者老者弱者则有保护怜惜之事，岂非与天演之说相违背邪？此难题在英国之赫胥黎亦无以解释，于是有谓人类心理究竟神秘超越，而此种仁厚的道德心是超乎自然律者。至克氏始以互助之说解此问题。克氏曾考察动物之生活，由低等动物考察到人类，举出许多事实以证明物竞天择之言之不谬。他意以为，常人着眼于团体之战争，忽略了族类与族类、团体与团体之互助。从个体说，则专谈互竞；从族类说则崇尚互助。唯有互助，团体始能与他团体互竞而生存，故动物之结群以御外侮、以猎食迁徙，壮者保其少，雄者保其雌，甚至群中有违背公德者则排斥之。此种社会本能之特别发展者，其群必为天所择而适存，反是则劣败而消灭。故互助作用，如只是个人则若与天演相违背，若从团体上观之，则正以见天演作用之进化无穷，故如克氏所说，则可见人类之有父母性之爱、夫妇之爱、兄弟朋友之互相扶助，乃至一切公德，从前以为人所独有者，迹之动物亦未尝不有，只与人类有精粗之不同耳。安见人类之必高于其他动物耶？克氏持此说，以为人性皆善，不必管束，反对一切法律，主张无政府，盖视人与动物同，都依互助之原则也。凡上所引之事实，足见人与动物无异。此种解释，吾人亦有相当之承认，并不反对，但他有最大之忽略，为吾人所不满意者。

此处言人禽不同之正面意思。言人禽无异者，其说有极大之忽略。然则所忽略者为何？即是忽略了“一点不同”之点。一点不同即是大方向不同。方向不同，并不是小；甚发轫虽小，其结果则大，所谓差之毫厘谬以千里也。人与其他动物在根本上几乎都是亲戚，人与植物找其同点亦并不难。故在生物上找未有相关联之物，可说根本上未有。柏格森说生物是同源，本来一家，后之不同，仅是走出后不同。偏于何方向，则走何方向而已，不能分阶段等级、在一线上分层次。个人有个人之方向，不能放在一条线上为前后高低之说。植物是植物之大方向，与动物之别非阶级之比，非由第一步可进化到第二步。植物顺他之方向往后退，则与动物相接近，愈下等之植物愈接近于原生之动物。他既往前发展之后，则去动物之性愈远。动物亦自为一方向，最下等之动物亦接近于植物也。柏氏分生物之进化为三大方向。一为植物之方向，一为动物之方向。动物之方向又分为二，即节足动物与脊椎动物，其各自为一小方向也。节足动物不是进化可为脊椎动物，退后找则有相近。人在脊椎动物中与其他动物（平）[比]较亦复如是。人是自为一方向，猫与牛马又各自为一方向。就其未往前走而言，则相差不远。方向不同，则未有方法可以比较。故方向不同即是根本不同。同一条路可以比较；根本不同，则无从比较也。人与动物是根本不同，不是差一点，并非多发展一点之比较。故言“差一点不同”之点即最大之忽略也。

兹再述柏氏所云生物进化分三大方向之意。柏氏以为一切生物都含有动物性，都要生活；但是各自走各自之方向在生活、结果则各自不同。其最显著者，则大抵不外三大方向（各方向又含许多小方向）。一为植物之路，其操持生活之心意是散漫（对集中而言）而混沌（对清楚划分而言），几乎未有操持生活之心意，而成睡眠麻木之状态。此是植物之路。其操纵生活之心意可说是有，但是把如何生活之方法为先天所安排好、规定好。此是本能之路，而以蜂蚁造其极。一为智慧之路，其操持生活之心意至明至强，比较是走从后天想法子之路，即智慧之路，以人类为走其极端。大方向之中又有无数小方向，故差一点则方向不同。如猫与虎，如牛与马，虽其相近，然差一点则无法可以相及。猿猴虽与人类相近，但他亦自成一方向，决不能进化成人，即现在之猿猴亦与最初之猿猴不同也。脊椎动物之生活，比较是顶能自由活动，能保持经验，能从后天学习。虽是许多脊椎动物亦同走此大方向，而仍是各走各路。其中哺乳类虽与人类同走后天智慧的路，但他走得不远，尚未发达，故不能不仍走先天之路，藉本能以生活。人类则走智慧路，发达至极点，故虽有本能，然不能与其他动物相比。虎之本能与人之本能大不一样，不能以彼例此。且本能不可单独提出以相比较，因动物之本能，其全生活方法在他之全盘系统中所占之位置，与人之本能在人之生活全盘系统中所占之位置，完全不同，故不能（与）[以]此例彼也。

人类与动物之不同，有几个特点。且先说其不甚重要者。如人能站立，且站立之姿势极其安稳，猿猴虽亦能站立，然姿势之安稳远不如人。又人能用手，其拇指与其他四指同其功用；猿类虽亦能用手，但运用不如人之灵便。其特点一。柏氏说人类之特点在能制造器具，能运用身体以外之器具，其他动物则几乎器官即寓于身体之中，不能运用身体以外之器具。柏氏以为本能与智慧之别，此点甚为分明。不能用身体以外之器具者，为走本能之路；能用身体以外之器具者，为走智慧之路。动物中比较能用器具者，则比较有智慧；愈不能用器具者，则愈近于本能。动物中以身体为其器具，而器具即其身体之一部分，随在可见。如虎之用其爪牙，象之用其鼻，其最著者也。若蜂蚁之类，则纯粹走本能之路。其团体之中，各有分职。其分职不同，身体之构造——即器具——亦随之而异。官骸之用与本能，几无以辨。既从其官骸而发生本能，亦从其本能而造出官骸，所谓本能就是官骸之作用。故观蜂蚁之例，而本能与智慧两途之意义愈明。即一者器具在身体之内，其生活安排完全赖先天安排，有何种器具则成何种生活；亦可言动物有何种生活则成何种器具。此可言动物生活方法为先天安排好之证明。他方面因人之能用器具，又可见人是少受规定，未有安排，无先天之预备。故可说人之生活方法，全赖后天学习补充。人之特点即在能用器具、能造器具上可以看出智慧来。人与动物之不同，此实一甚重要之区别也。

人类与其他动物不同还有第三个特点，即人类的幼稚时期特长。不独生下来不能与大人一样，而且必须经过甚长之时间始能与成人一样。如智慧才能种种生活方法必赖有悠久岁月之学习而后成功。其他动物则不然，生下来不久，即可与成长之动物一样。此在各种动物中可以看见。在脊椎动物之鱼类，其小鱼落生之后已可随其母以寻食，过数月则与大鱼无异，能独立生活矣。又如鸟类之小燕，在进化路上比鱼类为高，其落生之后不能自己觅食，必赖其母哺之。过三四月，始随其母学飞。又三四月始能独立生活与大燕同。又如哺乳类之马牛与鱼燕比，则进化更高矣。初生之后，尤软弱无能，更须其母之保护、教训，经长久之时间始能离母自活。猿猴在动物之中进化最高，其儿童期亦比他动物为更长。英之生物学家瓦拉士尝考察一小猩猩在落生后三四星期乃能站立，许久始能以手取食，再过许久乃渐长成，比之其他动物其儿童期实为最长。返观下等动物如阿米巴，由母体生（活）出来即可生活，无所谓儿童期。蚯蚓落生之后不几日即可长成，其儿童期极短。若人类则儿童期之长在动物中无与方比，初生之后除能呼吸吮乳等以外，其他能力皆未发达。半日离母则必死亡，一二星期始能感觉光线听到声音，一月后始能笑，经七八月后始生牙齿，一年之后始渐能学爬学走。普通说男子到二十一岁女子十八岁始为成人，若其身体之发达、教育之完成，则必添到二十五岁。人类儿童期之长在动物中无与比伦也。由上述之事实，吾人益明晓其意义：即禽类是走本能路，人类则走智慧路。唯其走本能路，故其对待生活之方法即其行为心理，几为与生俱来，已安排好，则无须长期之教育，且必须速急长成，以免生命之危险。唯人类之走智慧路也，故必有长期之幼稚期，以多靠学习。其始也几乎一无所能，其终也若无所不能。盖走智慧之路使然也。此人之所以异于禽兽者又其一也。

第四个特点则以人之能应用符号（包括语文、语言以声为符号，文字以形式为符号）。此特点可概括前之所举者。以人之能走智慧路，即在其能应用符号。能应用符号即人类智慧之所在。夫所谓符号者大约有三层：第一层为想象，次为言语，次为文字。以想象为尤要，智慧之重要亦在于想象。想象又包含两种：一为个人主观的亲验之再生，即所谓回想、记忆。如回忆食糖时之味，只亲验之再生而已，未经变化者也。一是平常之所谓想象，想象为新创。世界本来未有此事，是虚构的创新的，即是想象。其材料虽为旧的经验，而加以新的配合。故想象实已包含二义。此二层之符号皆是事实之代表。如有含糖经验即为事实，最初的心之影子摹想糖之色与味就是中心之想象。代表事实后发为言语，即代表心之所有者。文字为代表语言，抑直接代表意思。虽未可断言，要皆为代表事实之符号也。行为派不承认有想象。言语想象即语言。罗素是建立想象，蜗逊则反对想象，以不出声之语言解思想。吾人可以承认主观之想象。盖想象食糖一事虽不可分，然实有两面。且智慧之所以重要因有想象，想象不可否认也。然想象之重要点何在？在其能离开具体之事实，而有代表事实之影像在心中。此种想象其他动物必不能有！人唯能有此种想象，故其学习之方法与动物之学习截然不同。他种动物之学习不过是行为之修正而已。如狗之怕火，只在其见火之时而有知觉。只有当境再认，不能有火之观念记忆于胸中，不能自由虚构一火的观念，故其学习只是乱撞，盖未有此符号也。人之学习则不然。在旧经验有此符号（想象）之后，不必再去经验此回事物，而能把环境放在心中，在心中掉换虚构开辟一新的路。故其经验学习为有计划有成竹在胸之试验学习，异乎动物之乱撞而无步骤者也。凡一切制作，如作文画图乃至制造器具、房屋，胥藉有想象，胥先由有雏形而渐臻完备，故未有想象则未有新辟路径，未有想象则一切制度创造皆无基础以发生。当想象之时可以看出智慧之作用。想象之为具体的，即其想象之材料，无感［觉］可离感觉之影子（即经验之影子），感觉所得者皆成一片，整个的

不能分。以感觉所得者为基础而分析联合，即是智慧作用。说分析同时即是联合，即是认清彼此之关系。如糖之甜、鸟之飞，在感觉上皆是一片的。把甜在糖中抽出，把飞在鸟中抽出，则成糖与甜、鸟与飞之关系的观念。此即所谓智慧作用。当过去经验在心中安排掉换其关系之时，则成一种想象的创造。此种想象创造即旧世界所未有，及其发表出来而世界始有此事。如数学名家是讲关系形式之学，不必一一从感觉经验，而能想象虚构成功。此可见想象在智慧上之重要矣。故能应用符号实有人类智慧之所在。又言语文字更能助人之学习与创新，有言语文字而想象之用益广大丰富。然只用想象不足，必有语言乃可使经验交换，有文字乃可使经验久存。语文为之辅，则想象更能存旧创新矣。由上之意义以观，人类之靠后天益得确证。唯人之能应用符号也，即能助想象、助学习、助创新。所谓想象、学习、创新即是靠后天，走理智的路，而不是靠先天走本能之路。其如何靠后天即是其如何不靠先天，靠后天到如何程度即是其不靠先天到如何程度也。

综上数特点，总说人类所以异于禽兽者之意。所谓人类之特点，即不外生活之方法（趋向）是靠后天照顾，而非先天之安排固定而已。行为派反对本能之说，以为人类行为都从后天学习，无所谓本能，并根本否认本能。其说未尝无理由。本来人之本能太不明显，暗弱而无力。心理学家言人之本能有几种，几于人人言殊，此可见人类本能之暗弱而不易于认识矣。因为人类未走本能之路，且走之不远，故愈来愈暗晦、愈无法可以认识清楚也。由此可见人类与其他动物之别，其最明了之点是在其生活方法之不同矣。

人禽之别，前所说者都近于枝叶。兹言其最重要之点，即是人类之心理比其他动物之心理，是从本能之中得一个超脱，亦即是从生物自私之态度上得一个解放。此语当加解释。盖其他动物之心理是已先天安排好，已带有自私的色彩而来，人类心理则少有着色。即是本能到如何地步，则着色到如何地步，其着色愈浓，即是其本能愈强。换言之，又可说是一种色味——是手段方法之气味，是自私之气味。如“要如何”“作如何”，此种本能就是一种手段方法。如斗争之本能为保己种之手段方法，在生物进化上为天选作用所留存而发达。故一切本能都是有所为的、安排好的、自私的。一切动物的特别处就在心内安排了许多手段方法，除去手段方法无所谓心。如欲言动物之所谓心，则不外许多求生活之手段方法而已。人类则不然；人类能从本能中解放出来。故人无本能到如何程度即是超脱到如何程度，亦即是从自私内解放到如何程度，解放到如何程度，即创造到如何程度也。

理性与理智之分别 *

必须屏除感情而后其认识乃明切锐入者，我谓之理智；必须藉好恶之情以为判别者，我谓之理性。

人类的特征在理性。人类是从本能生活中解放出来的。

理性与理智的分别

“理性”“理智”的字样，只在近三十年中国书里面才常常见到；习惯上是通用不分的。就如在前章讲“理性与宗教之相违”，亦是浑含用，未定偏指一面。但今却有分别的必要。

有何必要呢？假如中国文化和西洋文化有分别的话，我以为就在中国长于理性而短于理智；西洋长于理智而短于理性。为了指明中国文化

* 本文是作者 1942 年春在桂林所撰《中国文化要义》六章中的第三章。见《梁漱溟全集》第 6 卷，山东人民出版社 1993 年版。

的特征，首先要分别理性和理智才行。

从前中国人常爱说“读书明理”一句话。在乡村中，更常听见指某人为“读书明理之人”。这个“理”何所指，中国人不须解释都明白的。它绝不包含物理的理，化学的理，一切自然科学上的理；乃至社会科学上的理，亦并不包括在内的。却是同此一句话，在西洋人听着，亦许发生不同的了解吧！

中国有许多书，西洋亦有许多书；书中莫不讲到许多理。但翻开书一看，却似不同。中国书所讲的，不外人世间许多情理如父慈、子孝、知耻、爱人、公平、信实之类。若西洋书，则所谈的不是自然科学之理，便是社会科学之理，或纯抽象的数理与论理。因此，当你说“读书明理”，他或以为是明白那些科学之理了。

科学之理，是静的，是一些知识。知其“如此如此”而止，并不立即发动什么行为。而中国人所说，却正是行为上的理。它就在指示人们行为的动向。它常常是很有力量的一句话。例如：“人而无信，不知其可也！”“临财勿苟得；临难勿苟免！”它尽可是抽象的，没有特指当前某人某事，然而是动的不是静的。科学之理，虽亦可与行为有关系，但却没有一定方向指给人。如说：“触电可以致死”，但触不触听你了。想自杀的人，亦许去触的，没有一定。大致科学上所说，皆是“如果如此，则将如彼”的这种公式。它始终是静的。

所谓理者，既有此不同，似当分别予以不同名称。前者为人情上的理，不妨简称“情理”；后者为物观上的理，不妨简称“物理”。假如大家承认可以这样分开的话，我们再来看人类对此不同之两种理的认识，是否亦出自两种不同之认识力。我以为在认识上是有分别的。即后者的认识，不容稍存主观之爱憎迎拒；前者则离却主观之爱好与憎恶，便无从认识。现时流行有“正义感”的一句话，正义感是一种感情；对于正义便欣然接受，对于不合正义的便厌恶拒绝。正义感，即是正义之认识力。离开这种感情，正义就不可得。一切是非善恶之理，皆同此例。善，就在乎崇敬悦服赞叹的心情上；恶，就存乎嫌恶愤嫉不平的心情上。反之，我们若不为求善而意在求真，则非屏除一切感情极其冷静不可。

必须屏除感情而后其认识乃明切锐入者，我谓之理智；必须藉好恶之情以为判别者，我谓之理性。

人类的两种错误

我常说：人类之所以可贵，就在他极容易错误，而不甘心于错误。至若动物生活则几无错误可言，更无错误之自觉。错误只是人的事；然人的错误却有两种不同。

譬如学校考试，学生将考题答错，是一种错误——知识上的错误。若舞弊行欺，则又另是一种错误——行为上的错误。前一错误，在学习上见出低能，应属智力问题；后一错误，便是品性问题。事后他如果觉察自己错误，前一觉察属理智，后一觉察属理性——我们从这里亦可见出理性理智的分别。

两种错误，人皆容易有，不时地有。然似乎错在知识者问题小，错在行为者问题大，试看社会上发生的纠纷，你责他错了，我责你错了，所互相责的率以后者为多，而自错误所引生的祸害，亦每以后者为严重。在纠纷中，你说你有理，我说我有理，所彼此争辩而各自表白者，亦多在情理上——即此亦见理性如何重要了。

儒家之理性主义

日本学者五来欣造说：在儒家我们可以看见理性的胜利。儒家所尊崇的不是天，不是神，不是君主，不是国家权力等，并且亦不是多数人民（近代西洋要服从多数）。只有将这一些（天、神、君、国、多数）当作理性的一个代名词用的时候，儒家才尊崇他。其言甚是。儒家假如亦有其主义的话，应理就是“理性主义”。前说孔子专作启发理性的功夫；又说“儒家独具之精神，就在他相信人有理性，而完全信赖人类自己”（见前章）。那正指这不同乎理智的理性。

最能切实指点出理性给人看的，是继承孔子精神的孟子。其言之明爽警辟者，如：

所以谓人皆有不忍人之心者；今日乍见孺子将入于井，皆有怵惕恻隐之心；非所以内交于孺子之父母也，非所以要誉于乡党朋友也，非恶其声而然也。由是观之，无恻隐之心，非人也。（下略）

恻隐之心，人皆有之；羞恶之心，人皆有之；恭敬之心，人皆有之；是非之心，人皆有之。恻隐之心，仁也；羞恶之心，义也；恭敬之心，礼也；是非之心，智也。仁义礼智非由外铄我也，我固有之也。弗思耳矣！（下略）

（上略）故曰，口之于味也，有同嗜焉；耳之于声也，有同听焉；目之于色也，有同美焉。至于心，独无所同然乎？心之所同然者何也？谓理也，义也。圣人先得我心之所同然耳。故理义之悦我心，犹刍豢之悦我口。

可欲之谓善。（下略）

> 生，亦我所欲也；义，亦我所欲也。二者不可得兼，舍生而取义者也。生亦我所欲；所欲有甚于生者，故不为苟得也。死亦我所恶；所恶有甚于死者，故患有所不辟也。
>
> 无为其所不为，无欲其所不欲，如此而已矣！
>
> 人能充无欲害人之心，而仁不可胜用也。
>
> 人能充无欲穿踰之心，而义不可胜用也。

其后继承孟子精神的，为王阳明；就说“只好恶便尽了是非”。他们径直以人生行为的准则，交托给人们的感情要求，真大胆之极！我说他“完全信赖人类自己”，就在此。这在古代，除了中国，除了儒家，没有谁敢公然言这样主张的。

我说：在中国，人类理性开发得早；即指此。

儒家的教条

径直以人生行为的准则，交托于人们的感情要求，是不免危险的。在中国的西北如甘肃等地方，回民与汉民相处，恰可得一对照。回民都没有吸鸦片的，生活上且有许多良好习惯。汉民或吸或不吸，而以吸者居多数。吸鸦片，就懒惰，就穷困，许多缺点因之而来。彼此相形，全然两样。其故就为回民是有宗教的，其行为准于教规，受团体之监督，不得自便。汉民虽读儒书，却没有宗教规条及组织。

这种失败，孔孟当然没有看见。看见了，他仍未定放弃他的主张。他似乎彻底不承认有外面的准则可循。固然制礼作乐，从外面影响到生命亦是必须的；然制作必本乎人情。孟子总要争辨义在内而不在外，就为此。勉循外面标准，只是义的袭取，只是“行仁义”而非“由仁义行”——论调之高如此；然这是儒家精神，不可不知。

因此儒家没有教条；有之，便是教人反省自求的一条而已。他没有旁的，只是说：在你心里清明之时，好自想想吧！例如：

己所不欲，勿施于人。

曾子曰，吾日三省吾身：为人谋而不忠乎？与朋友交而不信乎？传不习乎？

见善如不及，见不善如探汤。

毋友不如己者；过则勿惮改。

三人行必有我师焉；择其善者而从之，择其不善者而改之。

见贤思齐焉；见不贤而内自省也。

子曰，已矣乎！吾未见能见其过，而内自讼者也。

子使漆雕开仕；对曰，吾斯之未能信，子说。

司马牛问君子；子曰，君子不忧不惧。曰，不忧不惧斯谓之君子已乎？子曰，内省不疚，夫何忧何惧！

君子有九思：视思明，听思聪，色思温，貌思恭，言思忠，事思敬，疑思问，忿思难，见得思义。

子曰，吾与回言终日，不违如愚。退而省其私，亦足以发；回也，不愚。

蘧伯玉使人于孔子。孔子与之坐而问焉；曰夫子何为？对曰，夫子欲寡其过而未能也。子贡方入。子曰，赐也贤乎哉！ 夫我则不暇。

子曰，不愤不启，不悱不发，举一隅不以三隅反；则不复也。

以上皆摘自《论语》，可以想见距今两千五百年前孔门的学风。处处教人自己省察，自己去想，养成你自己的辨别力（对于情理之辨别力）。尤要有自己当心容易错误，而不甘心于错误。除了信赖人自己的理性，不再信赖其他——这是何等精神！人类便再进步一万年，怕亦不得超过吧！

人类的特征在理性

一般的说法，人类的特征在理智。这本来不错的。但我今却要说，人类的特征在理性。此一理论，颇未易言。这里只粗陈大旨。

生物的进化，是沿其生活方法而进的。从生活方法上看：植物定住于一所，摄取无机质以自养；动物则游走求食。显然一静一动，从两大方向而发展去。而动物之中，又有节足动物之趋向本能，脊椎动物之趋向理智之不同。趋向本能者，即是生下来依其先天安排就的方法以为生活。反之，先天安排的不够，而要靠后天想办法和学习，方能生活，便是理智之路。前者，蜂若蚁是其代表；后者，唯有人类到达了此地步。综合起来，生物之生活方法，盖有如是三大脉络。

三者比较，以植物生活最省事；依本能者次之；理智一路，则最费事。寄生动物，即动物之懒惰者，又回到最省事路上去。脊椎动物，自鱼类、鸟类、哺乳类、猿猴类以及人类，以次进于理智，亦即以次而远于本能。他们虽趋向于理智，但若在进程中稍有偏违，即不得到达。所谓偏违，就是不免希图省事。凡早图省事者，即早入歧途；只有始终不怕费事者，才得到达——便是人类。

唯独人类算得完成了理智之路，但理智只是本能中［反］乎本能的一种倾向；由此倾向发展去，本能便浑而不著，弱而不强。却不是人的生活，就全然和本能不相干。其余者，理智发展愈不够，当然愈靠本能。此所以除人类外，大致看去，各高等动物依然是本能生活。

人类是从本能生活中解放出来的。依本能为活者，其生活工具即寓于其身体，是有限的。而人则于身体外创造工具而使用之，为无限的。依本能为活者，生下来——或于短期内——便有所能，而止于其所能，是有限的。而人则初若无一能，其卒也无所不能——其前途完全不可限量。

解放始于自身生命与外物之间，不为特定之行为关系，而疏离淡远以至于超脱自由。这亦即是减弱身体感官器官之具体作用，而扩大心思作用。心思作用要在藉累次经验，化具体事物为抽象观念，而运用之；其性质即是行为之前的犹豫作用。犹豫之延长为冷静；知识即于此产生。更凭藉知识以应付问题。这便是依理智作用为生活的大概。

人类理智有两大见征。一征于其有语言；二征于其儿童期之特长。语言即代表观念者，实大有助于知识之产生。儿童时期之延长，则一面锻炼官体习惯，以代本能，一面师取前人经验，阜丰知识。故依理智为活者，即是依重于后天学习。

从生活方法上看，人类特征无疑的是在理智。以上所讲，无外此意。但这里不经意的早隐伏一大变动，超过一切等差比较，就是：一切生物都盘旋于生活问题（兼括个体生活及种族生活），以得生活而止，无更越此一步者；而人类却悠然长往，突破此限了。我们如不能认识此人类生命的特殊，而只在其方法上看，实属轻重倒置。

各种本能都是营求生活的方法手段，一一皆是有所为的。当人类向着理智前进，其生命超脱于本能，即是不落方法手段，而得豁然开朗达于无所为之境地。他对于任何事物均可发生兴趣行为，而不必是为了生活——自然亦可能（意识地或无意识地）是为了生活。譬如求真之心，好善之心，只是人类生命的高强博大自然要如此，不能当作营生活的手段或其一种变形来解释。

盖理智必造乎“无所为”的冷静地步，而后得尽其用；就从这里不期而开出了无（所）私的感情（**Inpersonal feeling**）——理性。理性理智为心思作用之两面：知的一面曰理智；情的一面曰理性；本来相连不离。譬如计算数目，计算之心是理智，而求正确之心便是理性。数目错了，不容自昧，就是一种极有力的感情。这一感情是无私的，不是为了什么生活问题。分析、计算、假设、推理……理智之用无穷，而独不作主张；作主的是理性。理性之取舍不一，而要以无私的感情为其中心。此即人类所以于一般生物只在觅生活者，乃更有向上一念要求生活之合理也。

本能生活，行乎其所不得不行，止乎其所不得不止，不须操心自不发生错误。高等动物间有错误，难于自觉，亦不负责。唯人类生活，处处有待于心思的作用，即随处皆可致误。错误一经自觉，恒不甘心。没有错误，不足贵；错误非所贵，错误而不甘心于错误，可贵莫大焉！斯则理性之事也。故理性贵于一切。

人类特征之在理智，易见；人类特征之在理性，不易见。我故曰：人类的特征在理性。

我对人类心理认识前后转变不同*

世界终究是人的世界，不是动物的世界；那么，人之所以优胜究竟何在呢？这就在作为生命的工具、方法手段方面，他虽不见优长，却在运用工具方法手段的主体方面，亦即生命本身大大升高了。

人们总认为我是个学者，或说我是个哲学家，是国学家，是佛学家，等等。其实我全不是。我一向拒绝承认这些。我从来无意讲学问，我只是爱用心思于某些问题上而已。我常常说我一生受两大问题的支配：一个是中国问题，再一个是人生问题。我一生几十年在这两大问题支配下而思想而活动——这就是我整整的一生。当我用心思于人生问题

* 本文是作者 1965 年 11 月 21 日一次谈话的概略，见《梁漱溟全集》第 7 卷，山东人民出版社 1993 年版。

时，不知不觉走入哲学，实则曾没有想要去学哲学的。我的学问都是这样误打误撞出来的。对于心理学亦复如是。初非有意研究心理学，但卒于有了我的一套心理学。

我最早的心理学见解，是随着我早期的思想来的。我早期的思想，是受中国问题的刺激，在先父和父执彭翼仲先生的影响下而形成的。

先父和彭先生是距今六十年前的爱国维新主义者。在近百年，中国受到帝国主义的侵略，就激起许多有心人的维新运动。在北京办小学、办报纸，彭先生实为首创。小学和报纸在一处，走一个大门。我就是那小学的学生，还曾随着大人们在大街上散发传单，抵制美货——因那时美国排斥华工，虐待华工。

先父当时认为中国积弱，全为文人——读书人所误。文人专讲虚文，不讲实学。他常说，会做文章的人，就是会说假话的人。诗词歌赋以至八股和古文等，其中多是粉饰门面的假话，全无实用。而全国读书人都把全副精力用在其间。这是他最反对的。我所以没有读过旧经书，至今亦不会做韵文诗词即为此。先父因为崇尚实用，一切评价——包涵是非善恶，皆以有无实用为准。其极端便成了实利主义，与墨子思想相近。墨子主张“节葬”“非乐”等，实太狭隘。把是非善恶隶属于利害得失之下，亦即近代西洋——特别是英国——功利派的思想。我常常说我一生思想转变大致可分三期，其第一期恰是近代西洋这一路。从西洋功利派的人生思想，折返到印度的出世思想是第二期。从印度思想转归到中国儒家思想，便是第三期了。不待多言，此第一期——早期的思想来历就是如此。

随着功利主义的人生思想，自然带来了一种对人类心理的看法。那即是看人们的行动都是有意识的，都是趋利避害的，去苦就乐的。西洋经济学家从“欲望”出发以讲经济学，提倡“开明的利己心”，要皆本于此。以此眼光，抱此见解，去看世间人们的活动行事，确实也很说得通，解释得过去。既然处处通得过，于是就相信人类果真是这样的了——此即我对人类心理最初的一种认识。

这种对人心的粗浅看法，自己慢慢发现很多疑问，终于被自己否定了。其实若不深究，世上不正有许多人都停留在此粗浅看法上吗？爱用心思的我，不停止地在观察、在思考，终于觉得它不合事实。事实不这样简单。人们许多行事虽表面上无不通过意识而来——不通过意识的行动是例外，是病态，是精神不健全——但实际上大都为感情冲动所左右、所支配，而置利害得失于不管不顾。当其通过意识之时，不过假借一番说辞以自欺而欺人。是感情冲动支配意识，不是意识支配感情冲动。须知人类心理的根本重要所在，不在意识上，而宁在其隐藏于意识背后深处的。研究人类心理，正应当向人们不自觉，不自禁，不容已……那些地方去注意才行。西洋心理学家过去一向看重意识，几乎以意识概括人心，以为心理学就是意识之学。后来他们乃转而注意到“本能”“冲动”“潜意识”（或“下意识”）“无意识”种种，这实为学术上一大进步。我自己恰同样地经过这一转变。此即我在人类心理的认识上第一次的翻案。亦即对人类心理较为后来的一种认识，但还不是最后的。

这里应当说明一句话：第一期的人生思想与第一期的人类心理观固相关联，但如上所说的心理观之转入第二期，却与第二期人生思想没有关联，而是与第三期人生思想密切相关的——下面讲明。

第一期功利思想以为明于利害即明于是非，那就是肯定欲望，而要人生顺着欲望走。第二期出世思想则是根本否定人生，而要人消除一切欲望，达于无欲之境。因为觉悟到人生所有种种之苦皆从欲望来。必须没有欲望，才没有苦。这在人生态度上虽然前后大相反，却同样从欲望来理解人类心理。不过前者以欲望为正当，后者以欲望为迷妄耳。其详，这里不谈。

虽说前后同样从欲望来理解人类心理，却对人类心理认识的变动已经隐伏于此时，渐渐识得人类之高过动物，虽在其理智胜过本能，本能总像是要通过意识这一道门才行。但理智之发达，不外发达了一种分别计算的能力，而核心动力固不在此。核心动力还在本能冲动上。所谓欲望不是别的，恰是从意识这道门出来的本能冲动。这样，就不再重视意识，而重视隐于意识背后的本能冲动。

刚好，当我深进一步认识到此的时候，看见欧美学者新出各书亦复有悟及此。英国哲学家罗素在第一次世界大战后所写的《社会改造原理》有余家菊译本，民国九年出版。他开宗明义在第一章第一节就说他“从大战所获得的见解，就是什么是人类行为的源泉……”，他指出这源泉就在冲动（impulse）。战争就是毁灭，不论胜者败者对谁也没有好处。然而冲动起来，世界千千万万的人如疯似狂，甘遭毁灭，拦阻不住。他说以往人们总看欲望是行为的源泉，其实欲望不过是较开明的，亦即有意识的那一部分而已。他这里是把欲望和冲动分别而对待着说，其实欲望的核心仍然是冲动，只不过表面上文明一些。罗素把人们的冲动总分为两种。一种他名为“占有冲动”，例如追求名利美色之类。另一种他名为“创造冲动”。这与占有相反。占有是要从外面有所取得。创造则是从自己这里的劲头、才能、力气要使用出去。科学家、艺术家往往为了发明创造而忘寝废食。革命家为了革命而舍生命。以至人们一切好的行为皆出于创造冲动。他认为资本主义社会鼓励人们的占有冲动，发展了人的占有冲动，而抑制着人的创造冲动，已经到了可怕的地步。资本主义社会之必须改造在此。改造的方向，或其如何改造的原理，就在让人们的创造冲动得以发挥发展而使占有冲动减退。

再如美国心理学家麦独孤所著《社会心理学绪论》一书，亦是一最好之例。他在自序中首先指出社会科学家在讲经济、政治、教育、伦理等学问时，从来没有认真研究人类心理，而径直在他们各自的粗浅看法那种假设上，去讲经济，讲政治，讲教育，讲伦理，等等。现在这种假设站不住了，那些学问亦将被推翻，从新来过。他的书就意在为社会科学试着先做些基础工作。他在这里说的粗浅看法，即指一般只留意人有意识那一面，亦就是欲望方面。而他则认为人类行为的动力在本能。本能好比钟表的发条。假如把发条抽去，钟表就不走了。人无本能亦将不会动。本能著见于动物生活中，原是生物进化、生存、竞争、发展而来的。本能在人，或者比动物还复杂，还多。每一种本能皆有与它相应的一种情绪。例如斗争，就是一种本能，与之相应的情绪就是忿怒。忿怒与斗争相关联。动物在觅食求偶之时，都免不了争夺。怒气盛，斗争强的自然胜利。这样就从优胜劣败，而将那不善斗的淘汰去，发展了斗争的本能。又其父母抚养幼子，亦是一种本能（parentalinstinct）。与之相应的情绪，就是慈柔之情。富于这种本能的动物，自然在生存竞争中亦得到优胜传种而发达起来。诸如此类，各种本能皆在生物进化史上有其来历。

我从罗素与麦独孤两家的言论主张得到印证，增加了我的自信。特别是看到他们所认为顶新鲜的道理，我已经掌握而高兴。两家之外，可举之例还很多很多，如心理学界后起的“精神分析”学派，以佛洛伊德为首，特别强调下意识或云潜意识，极注意人的感情方面。还有许多学者提出“社会本能”，这一说法，给予我思想上很大助力，其中如克鲁泡特金的《互助论》一书，从鸟兽虫豸生活中罗列其群居互助的许多事实，证明互助实为一种本能，人类社会之所由成正亦基于此。西洋旧说，人们所以结成社会是由自利心的算计要交相利才行。讲到伦理上的利他心，总说为自利心经过理性而推广出来的。所有这些总由只看到人有意识的一面，而没有认识到本能和感情的强有力。现在心理学上新见解出来，旧说悉成过去。虽东欧、西欧、北美各学者之为说不尽相同，着意所在种种不一，然其为西洋人的眼光从有意识一面转移到其另一面则无不同。

为何说我在心理学上所抱见解这一转变，却与我第三期宗尚儒家的思想相联呢？因为我发现孔子和墨子恰好不同。墨子所忽视的人类情感方面恰为孔子重视之所在；而墨子所斤斤较量的实利，恰为孔子所少谈。此其不同，正是代表着两家对人性认识之不同而来。近代西洋社会人生，是从其中古宗教禁欲主义之反动来的，可说是“欲望本位的文化”。其盛行的功利主义于墨子为近，于孔子则相远。同时，在儒书中，你既嗅不出一点欲望气味，亦看不见一毫宗教禁欲痕迹。这证明它既超出西洋近代，又超出西洋中古，不落于禁欲和欲望之任何一边。像前面说过的，我因觉悟到欲望给人生带来种种苦痛而倾心印度佛家的出世。但我一诵儒书，就感染一种冲和、恬淡、欣乐情味，顿然忘苦，亦忘欲望。当然亦就忘了出世，于是我看出来儒家正是从其认识人性而走顺着人性的路，总求其自然调畅，避免任何矫揉造作。这样，我就由倾心佛法一转而宗尚儒家了。距今四十五年前（1921 年）《东西文化及其哲学》一书就是从这里写成出版的。书中贬低墨子而推崇孔子，是完全基于人类心理认识之深入的，同时，看清楚近代西洋和古中国和古印度三种不同的人生态度，实代表着人类文化发展的三阶段；断言：在世界最近未来，继欧美征服自然利用自然的近代西洋文化之后，将是中国文化的复兴。并指出其转折点即在社会经济从资本主义转入社会主义之时。所有这些见地主张从何而来？一句话：无非认识了人类心理在社会发展前途上将必有的转变而已。

这话说起来很长，非此所及详。姑举其一点而言之。社会发展的前途，是要从阶级统治的国家，转到阶级消灭而国家消亡的。国家的消亡是什么呢？那即是代表强力统治的法律、法庭、警察、军队的消亡而已。简单说，那亦就是刑罚的废除。此时社会秩序的维持，人们协作共营生活的实现，全要靠社会成员之自觉自律，不再靠另外的强制力。教育势必成了首要之事。但教育只在思想意识一面吗？你必须从根本上调理好人的本能情感才行。质言之，必须以情感上的融合忘我取代分别计较之心才行。那将莫妙于儒家倡导的礼乐了。未来的文化必将以礼乐代刑罚（或刑赏），是可以断言的。刑罚（或刑赏）不外利用人的计较利害得失心理来统驭人。这一老套子在新社会不唯不中用，而且它会破坏和乐忘我的心理，破坏协作共营生活的。当时孔子并不晓得社会发展前途的需要，但他却深切认识人类心理而极不愿伤损人类那可贵的感情。

关于我在人类心理的认识上第一次翻案的话不再多谈。以下谈其第二次翻案，亦即是最后的认识。

我在《东西文化及其哲学》中曾说“世界上只有两个先觉：佛是走逆着去解脱本能路的先觉；孔是走顺着调理本能路的先觉。”这句话代表我当时（四十五年前）把一般心理学上说的本能当作人类的本性看待了。这是错误的。那本书在人生思想上归宗儒家，而在为儒家道理作说明时，援引了时下许多不同的心理学派所用术语，类如“本能”“直觉”“感情”“冲动”“下意识”等，夹七夹八地来说话，实在不对。不但弄错了儒家对人类心理的认识，也混乱了外国那些学派。

这实在因我当时过分地看重了意识的那另一面，而陷于理智、本能的二分法之故。特别是误信了社会本能之说，在解释人类道德所从来上，同意于克鲁泡特金的说法，而不同意于罗素。罗素在其《社会改造原理》一书中把人类心理分成本能、理智、灵性（其原文为 spirit，译本以“灵性”一词译之）三方面，而说人类宗教和道德即基于灵性而来。克鲁泡特金在其《无政府主义者的道德观》一书中，却直截了当说人类的道德出于生来的一种感觉，如同嗅觉、味觉、触觉一样，绝似儒家孟子书中“口之于味”“目之于色”的比喻。他因而主张“性善论”亦同孟子一样。于是我在旧著中就批评罗素于本能外抬出一个灵性，作为宗教上道德上无私的感情（原文为 impersonalfeeling）之所本，未免有高不可攀的神秘味，实不如克鲁泡特金所说之平易近情，合理可信（见《东西文化及其哲学》第 183—185 页）。这恰恰错了，后来全推翻了。我对人类心理的最后认识，即在后来明白了一般心理学上所谓本能，不相当于人类本性；人类所具有“无私的感情”，不属于本能范畴，承认了罗素的三分法确有所见，未可菲薄。

此盖为 1921 年《东西文化及其哲学》出版后，爱用心思的我，仍然不停地在观察，在思考，慢慢发觉把本能当作人类本性（或本心）极不妥当。事实上有许多说不通之处。像孟子所说“孩提之童无不知爱其亲敬其兄”的话，按之事实亦不尽合。任何学说都必根据事实，不能强迫事实俯就学理。原书错误甚多，特别在援引时下心理学的话来讲儒家的那些地方。为了纠正这些错误，1923—1924 年的一学年我在北京大学开讲“儒家思想”一课，只是口说，无讲义，由同学们笔记下来。外间有传抄油印本，未经我阅正。我自己打算把它分为两部分，写成两本书。一部分讲解儒书（主要是《论语》，附以《孟子》）的题名《孔学绎旨》，另一部分专讲人类心理的题名《人心与人生》，但两本书至今均未写成。《孔学绎旨》不想再写了。《人心与人生》则必定要写，四十年来未尝一日忘之，今年已开始着笔，约得出十之三，正在继续写。

以下略讲第二次翻案后，亦即现在最后认识的大意。达尔文的进化论泯除了人类与动物的鸿沟，有助于认识人类者甚大。人类生命的特征之认识，只有在其与动物生命根本相通，却又有分异处来认识，才得正确。从有形的机体构造来看，人与其他高等动物几乎百分之九十几相同，所差极其有限，此即证明在生命上根本相通。心理学上所说的本能，附于机体而见，是其生命活动浑整地表现于外者，原从机体内部生理机能之延展而来，不可分离。就动物说，其生命活动种种表现，总不外围绕着个体生存和种族蕃衍两大问题。这实从其机体内部生理上饮食消化、新陈代谢以及生殖等机能延展下来，而浑整地表现于外的就为本能了。生理学上的机能和心理学上的本能，一脉贯通，是一事，非两事。从机体到机能到本能，一贯地为生命解决其两大问题的工具，或方法手段。前面亦曾说过，本能是动物在生存竞争自然选择中发展起来的极有用的手段。人类生命从其与动物生命相通处说，这方面（从机体到本能），基本相类似，若问其分异何在呢？那就是对照起来，只见其有所削弱而不是加强，有所减退而不是增进。例如鼻子嗅觉人不如狗，眼睛视力人不如鸟，脚力奔驰人不如马，爪牙劲强锐利人不如虎豹。机体的耐寒耐饥人亦远不如动物。在食色两大问题上的本能冲动亦显得从容缓和，不像是有利于争夺取胜的。总结一句话，相形比较之下，人在这方面简直是无能的。

然而世界终究是人的世界，不是动物的世界。那么，人之所以优胜究竟何在呢？这就在作为生命的工具、方法手段方面，他虽不见优长，却在运用工具方法手段的主体方面，亦即生命本身大大升高了。在机体构造上，各专一职的感官器官不见其增多，亦不见其强利，反而见其地位降低，让权于大脑中枢神经，大大发达了心思作用。他不再依靠天生来有限的工具手段，他却能以多方利用身外的一切东西，制出其无限的工具手段。这就是说，他在生物进化途程中走了另外一个方向。

生物进化本来有着几种不同方向的：首先植物和动物是两大不同方向；其次动物界中节肢动物和脊椎动物又是两大不同方向。不同的方向皆于其机体构造上见之。说人类走了“另外一个方向”，即是指的脊椎动物这一条路向。脊椎动物这一路，趋向于发达头脑，以人类大脑之出现而造其高峰。为什么说“另外”呢？对于生活方法依靠先天本能，生活上所需工具就生长在机体上，那旧有方向而说，这是后起的新方向。从心理学上看，旧有的即是本能之路，后起的为理智之路。理智对于本能来说，恰是一种反本能的倾向。倾向是倾斜的，初起只见其稍微不同，慢慢越发展越见其背道而驰。节肢动物走的本能之路，以蜂蚁造其极。那些与人类相类近的许多高等动物，原属脊椎动物，其倾向即在理智。在它们身上露出了有别于本能的端绪，本能却依然为其生活之所依赖。必到人类，理智大开展，方取代了本能，而人类生活乃依赖学习。理智本能此消彼长，相反而不相离。在人类生命中，本能被大大削弱、冲淡缓和，减退，却仍然有它的地位。此在食（个体生存）色（种族蕃衍）两大问题上不难见出。

从食色两大问题上不难见出本能仍然在人类身上有其势力。不过对照动物来看，在动物身上毕生如是，代代如是，机械性很大，好像刻板文章的本能，但在人类却像是柔软易变的素材，任凭塑造，任凭锻铸，甚至可以变为禁欲主义如某些宗教，还可以逆转生殖能力，向着生命本身的提高而发展，如中国道家“顺则生人，逆则成仙”的功夫。这些话我们不暇谈它，扼要点出其不同如下。

（一）本能在动物是与生俱来的，为着解决两大问题而配备好的种种方法手段。动物之一生，仿佛陷入其中而出不来，于是其整个生命亦就随着而方法手段化，成为两大问题的工具，失掉了自己。本能在动物生活中，直然是当家作主的。

（二）感情兴致与本能相应不离，虽有种种复杂变化，要不出乎好与恶之两大方向。此两异之方向，显然是为利害得失之有异而来，而其为得为失为利为害则一从两大问题上看。

（三）由于反本能的理智大发展之结果，人类生命乃从动物式本能中解放出来，不再落于两大问题的工具地位，而开始有了自己。从而其感情兴致乃非一从两大问题的利害得失以为决定者。

（四）方法手段总是有所为的。与动物式本能相应不离的感情，不能廓然一无所为，不是为了个体，便是为了种族的利害得失。因而无私的感情，动物没有，唯人有之。人类求真之心、好善之心都是一种廓然无所为而为。例如核算数字，必求正确，算得不对，心难自昧。这就是一极有力的感情。这感情是无私的，不是为了什么。求真之心，好善之心，亦或总括称之为是非之心，当在大是大非之前，是不计利害得失的。必不能把求真好善当作营求生活的一种方法手段来看。

（五）无私的感情发乎人心。人心是当人类生命从动物式本能解放出来，其本能退归工具地位而后得以透露的。唯此超居本能、理智之上而为之主的是人心，其他都不是。

说到这里，旧著错误便自显然。旧著笼统地讲所谓“本能”，动物本能人类本能混而不分，是第一错误。直以此混而不分的本能当作人心来认识，就错上加错了。

还有旧著误信欧美一些学者“社会本能”的说法，亦须待指明其如何是错误的。

人类夙有“社会性动物”之称，因其他任何高等动物都没有像人这样总是依赖着社会过活。虽然节肢动物的蜂和蚁，倒是过着社会生活，但它们不属高等动物。蜂蚁之成其社会出于本能，那是不错的。因为其社会内部组织秩序，早从其社会成员在机体构造上种种不同，而被规定下来。人类走着反本能之路，本能大见削弱，岂得相比。近代初期的西欧人士便倡为“民约论”之说，说社会国家之组成起源于契约，不免是发乎民主理想的臆说，于历史事实无征。但从有意识地结约之反面，一转而归因什么“社会本能”，又岂有当？特别是顺沿着动物的本能来谈人类的本能，混而不分，把人类社会的成因归落到这混而不分的本能之上，错误太大，不容不辩。

人类特见优良之所在有二：一是其特见发达的心思作用，这是无形迹可见的一面；又一面是其随时随地而形式变化万千的社会。此二者乍看似乎是两件事，实则两事密切相关，直同一事。心思作用完全是人（个体）生活在社会中随着社会发展而发达起来的，直不妨说为社会生活的产物，而同时任何形式的社会亦即建筑在其时其地人们心理作用之上。形式一成不变的蜂蚁社会，当然是由本能而来的；却怎能说形式发展变化不定的人类社会亦是出于本能呢？且以人类之优于社会生活归因于人类所短绌的本能，显然不近理，倒不如归因于其所优长的心思作用，亦即意识作用还来得近理些。然而以意识作用来说明人类社会起源之不对头，却又已说在前了。

如此，两无所可，便见出理智、本能两分法之穷，而不得不舍弃我初时所信的克鲁泡特金之说，转有取于我前所不取的罗素的三分法。罗素在理智本能之外，提出以无私感情为中心的灵性来，自是有所见。可惜他的三分像是平列的三分，则未妥。应当如我上面说的那样：无私的感情发乎人心；人心是当人类生命从动物式本能解放出来，其本能退归工具地位而后得以透露的。正不必别用“灵性”一词，直说是“人心”好了。说“人心”，既有统括着理智、本能在内，亦可别指其居于理智、本能之上而为之主的而说。这样，乃恰得其份。

对于人类心理有此认识之后，亦即认识得人类社会成因。人类社会之所由成，可从其社会生活的必要性和可能性两面来看。所谓必要性，首先是因其缺乏本能而儿童期极长，一般动物依本能为活者，一生下后（或在短期内）即有自营生活的能力。而依靠后天学习的人类，生下来完全是无能的，需要很长时期（十数年）在双亲长辈的抚育教导下，乃得成长起来。人不能离开社会而存活是其所以成社会。所谓可能性，指超脱于动物式本能的人心乃能不落于无意识地或有意识地各顾其私，而为人们共同生活提供了基础。在共同生活中，从人身说，彼此是分隔着的（我进食你不饱）；但在人心则是通而不隔的。不隔者，谓痛痒好恶彼此可以相喻且相关切也。这就是所谓“恕”。人世有公道实本于恕道。恕道、公道为社会生活之所攸赖。虽则“天下为公”，还是社会发展未来之远景，但此恕道公道从最早原始人群即必存于其间。乃至奴隶社会，在某一范围内（譬如奴隶主之间），某种程度上亦必存在的。否则此不恕不公之奴隶社会亦将必不能成功。在范围上，在程度上，恕道公道是要随着历史不断发展的，直至末后共产社会的世界出现而大行其道。总结一句：蜂蚁社会的成因即在蜂若蚁之身，人类社会的成因却是在人心。

从上所谈，可知克鲁泡特金以道德为出于本能的不对。然而如麦独孤在其《社会心理学绪论》中对此类见解力加非难者亦复未是。他对那些抱持道德直觉或道德本能一类见解者致其诘难说：人们的行动原起于许多冲动，这些冲动乃从生物进化自然选择而发展出来，在进化中并没想到人们将来文明社会里应该怎样生活的，所以人们行动反乎道理是常情，合乎道理乃非其常。今天有待解说的，是为什么人们发乎冲动的行事亦竟然有时合乎理性？在生物进化中并没有发展出一种道德本能来呀？我们可以回答：作为生活方法手段的那样道德本能确乎没有的。但从方法手段性质的本能（动物式本能）解放出来的人心，却不期而透露出给道德作根据的无私感情。理性不从增多一种能力来，却从有所减少而来，麦独孤固见不及此也。